国家自然科学基金面上项目（41474121,41974164）资助

混凝土细观尺度随机建模及其超声波无损检测关键技术研究

宋　雷　陈贵武　张文亮　著

中国矿业大学出版社

·徐州·

内 容 简 介

混凝土是典型的复合建筑材料,其内部结构复杂且工程缺陷类型和产状多样,加之超声波的频率高、波长短,传播过程中受随机非均匀介质的影响,表现为传播机制复杂和衰减过快,导致缺陷的超声波响应特征难以被识别,限制了超声波方法在混凝土结构无损检测领域的应用。本书讨论了细观尺度下的混凝土随机建模方法和各物相组分对超声波传播的影响规律,并探索了混凝土内部结构参数评价和典型缺陷的超声波检测技术。通过粗骨料和缺陷的随机建模、超声波传播数值模拟技术、超声波实测与超声波响应特征分析技术,研究了水泥砂浆材料、裂隙参数、骨料材料及其几何形状对超声波声学特性的影响规律,形成了较系统的混凝土内部结构和典型缺陷的超声波检测关键技术体系。

本书可供岩土工程、城市地下空间工程和安全工程等专业的工程技术人员及相关专业师生参考使用。

图书在版编目(C I P)数据

混凝土细观尺度随机建模及其超声波无损检测关键技术研究 / 宋雷,陈贵武,张文亮著. — 徐州:中国矿业大学出版社,2023.11

ISBN 978 - 7 - 5646 - 6050 - 5

Ⅰ. ①混⋯ Ⅱ. ①宋⋯ ②陈⋯ ③张⋯ Ⅲ. ①混凝土结构—损伤(力学)—超声检测—研究 Ⅳ. ①TU37 ②TB553

中国国家版本馆 CIP 数据核字(2023)第 216938 号

书　　名	混凝土细观尺度随机建模及其超声波无损检测关键技术研究
著　　者	宋　雷　陈贵武　张文亮
责任编辑	杨　洋　满建康
出版发行	中国矿业大学出版社有限责任公司
	(江苏省徐州市解放南路　邮编 221008)
营销热线	(0516)83885370　83884103
出版服务	(0516)83995789　83884920
网　　址	http://www.cumtp.com　E-mail:cumtpvip@cumtp.com
印　　刷	江苏淮阴新华印务有限公司
开　　本	787 mm×1092 mm　1/16　印张 11　字数 203 千字
版次印次	2023 年 11 月第 1 版　2023 年 11 月第 1 次印刷
定　　价	45.00 元

(图书出现印装质量问题,本社负责调换)

前　言

混凝土材料以其性能稳定、经济实用和易施工等优势在地下空间开发、资源开采、能源储备、道路交通、核废料处置、深地实验室等领域发挥了重要作用。为改善民生,我国加强基础设施建设,仅2020 年,我国商业混凝土累计产量就达 28.43 亿 m^3,工程规模正在向大跨度和大深度发展。如港珠澳大桥使用了超过 260 万 m^3 的混凝土,全线长达 55 km;京沪高铁桥梁长度约为 1 140 km,高标准混凝土用量为 6 000 万 m^3,超过了三峡大坝用量的 2 倍。典型的深部地下工程,如锦屏地下实验室的垂直岩石覆盖达 2 400 m,煤炭开采深度已达 1 500 m,地热开采深度超过 3 000 m,有色金属矿开采深度超过 4 350 m,油气资源开采深度达 7 500 m;南水北调输水工程的最大埋深也达到了 1 150 m。这些大型设施对工程结构的安全性和稳定性的要求很高,一旦发生安全事故,极易造成巨大的经济损失和恶劣的社会影响。

此外,随着深度增加,结构应力不断增大,混凝土结构的受力更加复杂,而且在浇筑和服役过程中极易在局部产生裂隙或者孔洞等缺陷,随着时间的推移,这些缺陷会加速混凝土结构的损伤劣化,已造成相当多的结构开裂、漏水乃至破坏事故,其结构破坏和工程灾害的突发性和非线性特点突出。这些大型混凝土设施容易受检测技术的限制,导致受损结构没有及时被查明,存在安全隐患。在今后 20~30 年内,我国将有相当多的地面工程(桥梁、大坝、高层建筑等)和地下工程(井筒、涵洞、电站、隧道等)进入其设计寿命的中、后期,亟须提高结构缺陷信息辨识和早期发现能力,解决混凝土结构质量检测和健康监测难题。

超声波检测技术具有无损、无辐射、重复性高等优点,在工业和医学领域,超声波被广泛用于对材料结构的无损检测和人体组织的无创诊断。然而混凝土由一定粒径范围、形状各异的粗骨料、水和砂浆基质等组成,具有强非均质性,同时浇筑过程使其内部结构具有随机性,因此超声波在混凝土中的传播机制复杂且衰减过快,并且超声波检测信号同时包含粗骨料和损伤信息,传统信号处理和分析方法难以在粗骨料影响下识别缺陷信号的特征,严重影响混凝土结构超声波监(检)测结果的精度和可信度。限制超声波对混凝土结构检测的能力的主要原因是混凝土物相强非均质性和内部结构随机性难以用确定的超声波参数进行表征,亟须突破三个关键技术:(1)引入新的建模思路;(2)探索可靠的能够有效表征混凝土内部结构变化的超声波响应特征;(3)开发探测距离大、信噪比高和高效的超声波探测方法和装置,进而实现对混凝土结构缺陷的快速检测和精准辨识。

本书是我们多年来的研究成果,第一部分介绍了混凝土各细观组分的材料属性对超声波衰减特性的影响规律,包括第 2 章和第 3 章;第二部分介绍了混凝土复杂的内部结构参数对超声波衰减的影响规律,从粗骨料及裂隙的随机生成出发,完成了细观尺度下的混凝土随机建模、超声波数值模拟及瞬时衰减分析,形成了较系统的超声波混凝土内部结构参数评价方法,包括第 4 章至第 6 章;第三部分是试验验证,包括第 7 章。

本研究始于第一作者 2012 年开始的博士后研究课题,合作导师杨维好教授对该课题的研究目标确定和技术路线构建提出了宝贵的意见。基于此,后期陆续得到一项中央高校基本科研业务项目和两项国家自然科学基金面上项目的资助。在十余年的研究过程中,中国矿业大学刘盛东教授、潘冬明教授、董守华教授针对混凝土的超声波场分析和数据处理提供了很多建设性意见。试验工作的开展,还得到了中国矿业大学黄家会教授、王衍森教授、崔振东教授、李海鹏副教授、韩涛讲师、张驰讲师、张涛讲师的支持和帮助。研究过程中,孙锡乐、李茂强、薛可可、范超阳、葛维等研究生投入了相当大的精力,为项目的实施做出了贡献。本研究依托平台为中国矿业大学深部岩土力学与地下工程国家重点实验室,始终得到了实验室管理和运行团队的大力支持。在此深表谢意。

针对在役混凝土结构内部缺陷的超声波检测已取得了相当大的进展,但仍需进一步提高检测的便捷性和可重复性,以期实现定量化解译。

由于我们水平有限,本书难免有错漏之处,敬请读者批评指正。

著　者

2023 年 3 月

目　　录

1 绪 论

1949 年,超声波技术最先被英国学者 Jones 和加拿大学者 Leslie、Cheesman 应用到混凝土无损检测领域,并迅速发展为混凝土无损检测的主要手段之一[1]。目前超声技术在岩土工程检测领域兴起,广泛应用于缺陷定位和范围圈定[2-3]。但是,随着岩土工程的大型化和复杂化,传统的探测结果已经不能满足人们对探测精度和与日俱增的需求,需要对混凝土内部结构参数(裂隙和骨料分布特征等)进行更精细的评价,且粗骨料和缺陷区域的裂隙形状、位置参数往往具有一定的随机性,因此裂隙、粗骨料随机建模,混凝土超声检测信号处理和特征分析成为研究热点。此外,超声波在混凝土中传播时遇到粗骨料和缺陷会产生多次散射,导致能量衰减过快,以至于探测距离过短,因此如何增大有效探测距离成为国内外学者迫切需要解决的难题。阵列超声技术被相关学者试图应用到混凝土结构无损检测中,在增强探测能力方面取得了很大进展,但是在成像精度和信号处理方面仍存在不足[4]。下面就目前国内外关于混凝土数值建模、超声波信号识别技术以及超声波相控阵技术三个方面的研究展开综述,并确定了本书的研究内容和目标。

1.1 混凝土细观组分对超声波传播的影响研究进展

混凝土结构内部缺陷与混凝土之间的声学属性差异,是超声波检测混凝土结构完整性的物理基础和前提。然而,混凝土是由多种材料混合而成的复合材料,各组分材料之间物理属性差别很大,混凝土的随机性与超声波传播特征之间关系复杂,探究超声波的传播特征与混凝土非均匀性的关系,对于确定超声波检测参数(频率、波形等)和方法,制定合理的数据处理方式和提高数据解释精度具有重要意义。下面按照物理试验和数值模拟这两种研究方法进行综述。

物理试验主要围绕混凝土骨料级配、水灰比、养护时间等对超声波传播速度和能量衰减等动力学特征的影响进行展开。L. J. Jacobs 等[5]设计了 5 种不同粒径的水泥砂浆试样,粒径分别为 0 mm、0.25 mm、0.75 mm、1.5 mm 和 3.5 mm,其中 0 mm 表示不包含砂粒,为水泥净浆,分别测试了 100 kHz、500 kHz、1 MHz

和 5 MHz 超声波在水泥砂浆试样中的衰减,试验结果表明水泥砂浆材料的主要衰减机制是固有吸收,因为由砂引起的散射衰减相比固有吸收衰减微不足道。S. A. Abo-qudais[6]研究了混凝土配合比与超声波速度的关系,浇筑不同水灰比(0.4、0.45、0.5、0.55)和不同骨料粒径(公称最大粒径 9.5 mm、19.34 mm、25 mm、37.5 mm)的混凝土,并测试了 54 kHz 超声波的波速,研究结果显示:水灰比越大,超声波速度越低;骨料粒径越大,超声波速度越高;养护时间越久,超声波速度越高。A. Abdullah 等[7]试验研究了混凝土水灰比和骨料含量对 20 kHz 超声波衰减系数的影响,研究结果表明:水灰比对超声波衰减系数的影响是分段的,随着水灰比的增大,超声波衰减系数逐渐增大且出现峰值,之后随着水灰比的增大,超声波衰减系数逐渐减小;对于骨料含量也是一样,超声波衰减系数随着骨料含量的增加而变大,骨料掺量较大时衰减系数减小。

由于在混凝土浇筑过程中存在较大的随机性和变异性,即使配方相同,不同混凝土个体之间的超声波传播特征也存在较大的可变性[5],试验结果往往对定性结论有效,限制了这方面试验研究的开展。相比物理试验,数值模拟中变量条件要更加可控和直观。

A. Asadollahi 等[8]模拟了 20～150 kHz 范围内超声波在混凝土中的传播,将混凝土中的骨料分别设置为椭球体和立方体,研究发现:骨料形状对超声波衰减影响轻微;引入两种声阻抗参数的骨料,结果显示骨料的声阻抗越大,造成的散射衰减越大;采用 3 种不同粒径(最大粒径分别为 19 mm、25 mm 和 38 mm)的骨料,结果显示骨料粒径越大,散射衰减越大,对于 50 kHz 以下的超声波,散射衰减越小。除散射作用外,固有吸收作用也是超声波能量衰减的原因之一。试验研究结果表明:在动、静荷载作用下,混凝土均表现出黏弹性质[9-11]。考虑混凝土的黏弹性对超声波传播的影响,K. Nakahata[12]引入黏弹性模型,用以表征混凝土对超声波的固有衰减作用,模拟 400 kHz 超声波在混凝土中的传播,研究发现散射衰减是超声波能量衰减的主因。朱自强等[13]建立了椭圆形骨料的数值混凝土模型,基于黏弹性声波方程模拟 100 kHz 和 200 kHz 超声波的传播,比较超声波分别在均匀介质、水泥砂浆和混凝土中的衰减,结果表明混凝土的黏滞性会导致超声波能量随传播距离的增大呈指数函数衰减,是超声波能量衰减的主因之一。另外,在 K. Nakahata 的研究中,通过比较超声波在骨料体积比为 10%、30% 和 50% 的混凝土中的传播发现超声波的最大振幅呈递减趋势。而密士文[14]的研究发现:超声波在骨料体积比为 30% 和 75% 的混凝土中的衰减差别不大,分析认为骨料含量的增加,虽然在一定程度上导致散射衰减增强,但是提高了超声波的传播速度,降低了几何扩散衰减,综合结果是骨料含量的变化对超声波能量衰减的影响不大。由于混凝土的随机性以及受限于研究方法和条件,不同的研究得出的结论相差较大。比如 P. A. Gaydecki 等[15]基于信号分析方法认为混凝土中水泥砂浆是超声波能量衰减的主因,而鲁光银等[16]基于数值模拟认为骨料的散射造成了超声波能量的大部分衰减。

对于混凝土中超声波能量衰减而言,关于散射作用和固有吸收的讨论并不多见,这两种衰减机制的相对重要性还没有明确统一的认识,因此在模拟过程中综合考虑混凝土的散射作用和本征吸收作用更切合实际,越来越多的学者考虑了混凝土黏弹性对超声波的影响[17]。在实际应用中,骨料的声阻抗参数相对固定,而水泥砂浆会因为设计的水灰比、灰砂比不同,其声学参数具有较大的变化范围,因此,研究混凝土对超声波传播的影响时考虑不同声学参数的水泥砂浆材料更具有实际应用价值。

1.2 混凝土数值建模技术研究进展

混凝土内部结构通常由固、液、气三种物相组成,各组分物理性质差异大,对应的微、细观结构复杂且尺寸跨度大,混凝土材料具有多相多尺度特性。宏观尺度下,混凝土通常被简化成均匀介质;细观尺度下,需要考虑粗骨料、砂浆及内部缺陷。从微观角度来看,砂浆基质可看作细骨料和水泥浆的胶结体。除了上述业界比较关注的尺度之外,在纳米尺度下,纳米技术被用于提高混凝土的宏观性能。然而对混凝土结构稳定性分析和超声波无损检测而言,通常只需要考虑混凝土内部结构的非均质性,对各组分进行微观或者更细的划分对工程应用似乎不会带来明显的改善,细观尺度的分析被认为是最切实际且有效的方法。本书重点关注混凝土的细观尺度结构,因此,粗骨料和裂隙是混凝土建模最重要的两个研究对象。

近年来,混凝土细观尺度建模在混凝土强度预测和稳定性分析中受到了广泛的关注[18],成为混凝土损伤力学研究的核心内容,同时也是混凝土无损检测的重要基础。国内外大量的工程实践表明:几乎所有的混凝土结构破坏失稳都不是一开始就出现的,通常是服役环境的变化引起应力重分布而使岩体变形在某些裂隙区域形成的薄弱部位逐渐增长而成的[19]。混凝土材料受到损伤破坏产生裂隙,同时裂隙区域易发展为更大的破坏区域,因此,裂隙的探测关乎实际工程安全问题。此外,裂隙的存在会对混凝土结构的强度、稳定性、渗透性等宏观物理性质产生影响[20-22]。在矿井施工、土木工程、地热工程等领域,研究裂隙分别对优化矿产开采、设计适当的隧道支撑系统及模拟流体或地热的流动特性具有极其重要的作用[23-25]。在石油和天然气领域,特别是非常规储集层致密气体(页岩气),可以通过模拟油、气在裂隙通道中的运移和提取效果来预测实际开采效率[26]。在含水层中,蓄水层的容量和稳定性受围岩裂隙特征的影响[27-28]。在核废料处理场,围岩的裂隙发育情况必须做到实时监测,以免发生灾难性事故[29-30]。由于裂隙在各行各业中都有着极其重要的作用,自 20 世纪起,关于裂隙建模的研究一直是各领域的研究热点。

典型的裂隙模型通常是在二维或三维的介质模型内生成一系列的裂隙,这些裂隙的存在往往会在空间上产生复杂的褶皱和通道,从而使介质模型更复杂[31]。对混凝土中的裂隙而言,即使是相同配方的混凝土样本,同等破坏条件下产生的裂隙的空间分布和几何形态也并非完全一致[32]。实际混凝土结构中的裂隙特征往往表现出一定的随机性和较强的复杂性,研究过程中难以对其进行确定性量化[33-34]。采用随机裂隙建模方法,不但可准确表征裂隙在几何和空间上的分布特征,而且可以实现损伤破坏过程的模拟表征[35]。为了能够准确表征裂隙形状和空间参数表现出来的随机特性,学者们系统性地开展了裂隙参数的特征研究,其中包括裂隙的长度、开度、产状、方向和裂隙密度等参数的分布特征[36]。统计数据表明:小尺度裂隙的数量比大尺度的多,空间分布随机,而且相互之间交切复杂,裂隙的发育、分布情况是随机的,但是在同一区域相同地质环境下其结构面性质(如产状、规模等)具有一定的统计特征[37]。基于此,裂隙模型可以通过对实测数据的统计分析结果进行构建,结合计算机编程技术可实现岩体结构的再现。针对裂隙几何形状和空间分布特征的研究为后人提出的各类模拟方法提供了最重要的现实依据,可以说是裂隙建模的重要基础。

一般来说,离散裂隙网络模型既可以是确定性的,如平行圆盘模型[38],裂隙几何参数和空间位置是固定不变的,也可以是随机产生的,如文献[39]根据煤层中裂隙的宏观统计特征随机生成裂隙网络模型。对于随机裂隙网络模型,裂隙的几何和空间参数的概率分布函数被用于约束模型的生成,如裂隙的空间位置通常服从均匀分布,单一裂隙的位置是根据指定的均匀分布函数随机生成的[40]。随机裂隙网络技术在多个领域都有应用。针对岩体稳定性评价,陈剑平[41]现场调查了实际不连续面的露头信息,并对现场测量样本的迹长、产状、间距等的偏差进行了统计和校正,然后以统计和随机理论为基础,采用蒙特卡罗模拟方法实现了岩体随机不连续面三维网络数值模拟技术,生成了包含三维不连续面的岩体模型。汪小刚等[42]介绍了利用实际调查得到的不连续结构面统计信息去解决岩质边坡稳定分析相关问题的研究和取得的成果。杨米加等[43]通过随机生成的裂隙网络研究了裂隙岩体模型的随机性对渗透张量的影响。王双等[44]针对地质体中大尺度下的天然裂隙,根据窗口的统计信息构造了随机裂隙网络模型。为了克服传统工程地质研究方法难以客观描述随机裂隙空间分布特征的难题,张发明等[45]应用概率统计理论,通过统计分析得到裂隙的分布规律,采用随机模拟方法实现与统计分布相匹配的裂隙网络,研究随机裂隙的宏观特征,并利用模拟的三维裂隙网络研究了裂隙的连接性、工程开挖面稳定性及加固措施方案的优化。张发明等[46]利用随机不连续面三维网络计算机模拟技术构建了岩体裂缝系统的空间分布,为研究岩体空间结构提供物理背景,然后基于计算几何学建立了三维空间裂缝相互位置关系模型和对应的判定算法,建立了裂缝网络体系渗流模型和表征裂隙之间相互位置关系的图数学模型,经过定义边界条件、确定连通组分、删除孤立裂隙等预处理后,形成了三维裂隙岩体的计算机搜索网络流穿透路径。宋晓晨等[47]利用随机三维裂隙网络开展了裂隙岩体渗流模拟的研究。在开展破碎岩石代表单元体研究过程中,周创兵等[48]系统性地阐述了裂隙网络建模技术,利用生成的裂隙网络讨论了岩体代表单元体与岩体力学模型的关系。以上学者对裂隙建模方法的研究,为随机裂隙模型的应用研究开辟了道路,是科学实践从实物到数值模型的重要环节。基于此,很多学者开展了各种研究。S. D. Lee 等[49]采用三维离散裂隙网络方法开展了裂隙岩体隧道开挖的水力学模拟研究。O. S. Krüeger 等[50]通过产生随机数的方法生成一定数量的长度、方向均随机的裂隙模型,并研究了随机裂隙介质的反射系数。张春会等[51]在 MATLAB 编程环境中实现了二维裂隙煤岩体的随机生成,并开展了煤层中瓦斯抽放数值模拟。由此可见:随机裂隙模拟技术在岩土工程中已经得到了广泛应用。

除了内部缺陷,粗骨料是细观尺度下混凝土建模关注的另一个主要对象。混凝土是由粗骨料(石子,粒径为 5～40 mm)、细骨料(砂子,粒径为 0.05～2 mm)、胶凝材料搅拌胶凝形成的非均质人工复合材料,且搅拌过程导致内部结构呈现随机性,其强度和变形等都与粗骨料有关。通常来说,针对不含缺陷的混凝土可开展宏观、细观和微观三种不同尺度的建模研究。宏观来看,混凝土可以被简化为均匀的材料,在经典的有限元模型中就是如此。严格来说,只有当宏观尺度的观测是有意义的,并且临界区域的应力、应变变化不剧烈的时候,混凝土作为均匀固体材料的简化方式才有效。而从细观角度来看,组成混凝土的粗骨料、砂浆基质之间的差异不可忽视。细观尺度模型可以将混凝土不同组分的力学非均质性表现出来,因此能够对混凝土内部的损伤发展进行真实预测。微观层面上,砂浆基质可以进一步细分为细骨料和水泥胶结形成的浆体。对混凝土的超声检测尺度而言,微观的细分似乎不会引起显著影响。因此,当仅需要考虑材料的非均质性时,细观尺度的混凝土建模被认为是最实用和有效的选择。由此需要的工程应用实例还包括研究复杂应力条件下的混凝土损伤和破坏机制、高应变率下的混凝土响应以及混凝土构件关键区域的破坏和骨料胶结机制等方面。

混凝土内部组分的空间不确定性主要是制造过程的随机性引起的,同时粗骨料在形状和尺寸上也具有随机性,因此建立确定性的混凝土数值模型往往不具有代表性,通常建立的是随机介质模型,粗骨料模拟至关重要[52]。混凝土骨料的模拟主要包括骨料的尺寸、形状及分布三个方面。学者对混凝土的细观尺度建模方法开展了研究。不同大小的圆和椭圆最先被用于对粗骨料尺寸的近似,随着不规则多边形的引入,可以进一步体现粗骨料颗粒的形状特征[53]。然而,二维细观尺度模型在描述混凝土试件的真实应力和应变条件方面存在固有的局限性,尤其是在压力和围压应力变得重要的情况下,比如在动态压缩中,横向惯性效应被认为是一个关键因素[54]。同样,二维混凝土模型用于超声波模拟也会缺少三维空间结构信息。

由于颗粒形状生成方便,球形是一种应用广泛的粗骨料代表形式[55-57]。球形在三维空间中由球心坐标和半径两个参数唯一确定。相对球体来说,椭球体被用于中尺度混凝土建模中模拟粗骨料所包含的信息要丰富一些,因为椭球在三维空间中由 9 个参数唯一表示,这些参数分别是椭球体的 3 条中轴的长度、3个中心坐标和 3 个欧拉角。然而,球形和椭球体的颗粒形状并不能真实表示真实骨料的形状。文献[58]利用在椭球体方程中增加随机变量和控制参数的方法成功实现了球体到不规则多面体的转换,该方法被用于骨料颗粒生成,为更好地近似真实骨料颗粒提供可能。由 Voronoi 镶嵌点集生成的多面体近似骨料颗粒形状的方法已经被一些研究人员采用[59-61]。与简单的球体和椭球体相比,该方法能更好地捕捉真实的骨料形状,但难以满足预定骨料颗粒的级配曲线。最近的一些研究集中于开发能够按照预先定义的级配曲线生成和随机组装多面体骨料颗粒的方法[62]。然而对于大多数现有的混凝土细观尺度结构模型来说,一个共同的缺陷是骨料堆积密度相对较低,通常难以达到真实混凝土试件的骨料体积比。值得注意的是,在一些报道了更高的骨料颗粒体积分数的研究中,那些并不是实际的骨料堆积密度,而是等效的球形颗粒的堆积密度[63-64]。

此外,计算机图像分析和 CT 扫描技术被用于探索从混凝土物理样本中直接重建骨料颗粒[65-67]。然而,这种技术的主要局限性是通过准备、制作、切割样本,然后处理扫描图像来重构粗骨料,可见这样的处理手段的效率不高,是非常耗时和不经济的。为了提高混凝土细观尺度建模效率和代表性,国内外学者进行了一系列研究。在之后的研究中,有学者将 CT 图像仅用于为骨料和缺陷(空隙、孔和微裂纹)分布的几何统计特征提供必要的信息,并结合蒙特卡洛模拟生成 1 000 个统计等效代表单元体,并将所生成的统计代表单元体的弹性和非弹性响应的有限元预测与试验进行比较,试验结果与模拟结果吻合度较高[68]。为了实现对骨料颗粒实际形状和尺寸的真实表示,同时允许实现高体积比的骨料,利用三维空间上的随机点集构建凸包的方式被用来表征三维多面体粗骨料[12]，多面体包含了随机生成的一系列点的最小凸集，该方案同时考虑了粗骨料不规则的形状和尺寸，随机取放过程被用于生成主要的混凝土细观结构。在三维空间随机取点构建凸包的方式虽然能够得到不规则形状的多面体，然而这些多面体的形状随着随机点集的数量增加只能趋近正方体，换而言之，所得到的骨料颗粒的形状变化范围不包含球形的近似，没有完全覆盖真实混凝土骨料的形状。由于取-投的方法需要在投放过程中进行镶嵌检测，计算量大，不宜用于构建粗骨料数量大的模型。为了克服以上不足，本书首次提出采取球体随机取点构建凸包的方式来模拟粗骨料，使得粗骨料的形状变化范围扩大到球和非球，提出利用球形度和最小内切球的直径分别作为粗骨料的主要形状和尺寸参数。此外，在粗骨料投放过程中将骨料视为刚体，并在重力环境中进行投放，极大地提高了建模效率。

在本书的混凝土三维细观尺度建模中，内部缺陷利用三维随机裂隙网络进行表征，骨料颗粒的粒径分布由级配曲线决定，颗粒形状是随机生成的凸多面体，而空间分布可以采用随机投放来模拟。

1.3　混凝土超声波无损检测技术研究进展

超声波技术已被证明是在无损条件下研究材料内部结构的有效手段[69]，应用范围为混凝土凝结过程监测[70]、自愈混凝土裂隙愈合状态[71]和受力破坏过程评价等。然而超声波检测是一种间接方法。直接获得的检测数据是超声波经过被测对象后接收到随时间变化的波形记录，而最终提交工程的结果是根据接收数据推断被测对象内的异常情况，需要系统性地建立检测信号与被测对象内部结构之间的对应关系，进而降低检测结果解释的难度和不确定性。研究超声波在固体内传播特征的方法可以分为理论推导、物理试验和数值模拟三大类。由于理论推导不适用于研究混凝土这种内部结构复杂且随机的情况，因此仅对物理试验和数值模拟的研究动态进行综述。

物理试验是一种传统的研究手段，为了研究动态载荷作用下再生混凝土的超声传播特性和损伤演化，有学者在实验室中制作了 4 种类型的再生混凝土样本进行了动态载荷试验，在加载再生混凝土的同时，对再生混凝土的超声波传播参数(如超声波传播时间、速度、幅值)进行了同步测试，试验结果表明：超声波传播时间随着循环时间的增加而增大，而超声幅度同时减小[72]。该研究揭示了在加载过程中再生混凝土的损伤变量演化明显经历了三个阶段，即原始裂纹的增长阶段(再生混凝土在加载过程中内部裂纹的发展)、扩展阶段、连接阶段。为了克服用于监测水泥浆硬化的标准机械渗透法不能区分与二次石膏形成引起的水泥浆假凝相关的反应,超声波反射信号被用于监测水泥浆的假凝固,物理试验结果表明 S 波超声波回波可用于监测水泥浆料的假凝,而 P 波超声波反射数据无法用于区分假凝[73]。此外,相关学者开展了声发射和超声导波相结合探测不可见钢筋锈蚀,探测结果与电化学反映的现象一致[74]。由此可见物理试验是探索混凝土超声特征的有效方法。然而,物理试验过程易受外界干扰,误差不易控制,且模型参数不便灵活修改,成本相对较高。

波场模拟是一种能够直观、形象地展现弹性波或声波在介质中传播现象的计算机仿真技术[75-77],能够便于人们深入认识波的传播特征,是研究波场特性与介质内部结构之间关系的重要方法。波场模拟在天然地震研究、石油工业勘探、工程无损检测中起关键的作用[78-79]。尤其是对超声相控阵技术的研究,波场模拟具有不可替代的重要作用。目前主流的波场模拟方法主要包括有限差分法[80]、伪谱法[81]、有限元法[82]、谱元法[83]和边界元法[84]等。

J. Lysmer 等[85]在 1970 年采用有限元法模拟了地震波的 P 波传播,随后成为该领域的研究热点。在采用有限元法求解波动方程的稳定性和精度研究方面,K. J. Marfurt 等[86]和崔力科[87]开展了系统性研究,并对比了有限元法和有限差分法的性能差异。V. Etienne 等[88]实现了有限元法应用的拓展,应用范围包含弹性波数值求解。王尚旭[89]推导了双相各向同性介质中地震波的有限元方程,开展了数值计算,并研究了地震波的传播规律。周辉等[90]深入讨论了各向异性介质中有限元法的稳定性问题,尽管有限元法在复杂介质中的模拟精度高于有限差分法,但是仍然是低阶近似,数值离散化经常发生。在此基础上,高精度高阶有限元法逐渐得到人们的认可。目前,谱元法和间断 Galerkin 有限元法是应用较广泛的高阶有限元法[91-92]。有限元法在地震波场模拟中具有明显优势,但是也存在内存消耗大、计算效率低等缺点。为了降低内存消耗和提升计算效率,G. R. Richter[93]将传统的均匀质量矩阵改为对角集中质量矩阵,使有限元计算可以用显式有限差分法进行,避免了对大的稀疏线性方程的求解,大幅度提高了有限元的计算效率。J. F. Zhang 等[94]开展了各向异性介质中弹性波的有限元集中质量矩阵数值模拟。S. Ma[95]将有限差分法与低阶有限元法相结合,实现了三维地震波场模拟。有限元法在模拟实际界面的过程中可以做到尽可能准确地计算区域的边界,而更有效的交错网格法可用于推断地震波场的计算区域。随着计算机的不断发展,并行计算技术正逐渐应用到有限元计算中,进一步使有限元计算效率得到显著提高。王月英[96]针对三维地震波数值模拟开展了相关的并行算法研究工作。D. Komatitsch 等[97]采用 MPI+CUDA 技术实现了基于 GPU 集群环境的高阶连续有限元法,加速效果良好。20 世纪 70 年代,有限元法首次被用于对地质模型的模拟[98],此后该方法受到科学界的高度关注,其应用范围也扩展到波场模拟领域[99-100]。E. Padovani 等[101-102]分别利用低阶和高阶有限元法模拟了地震波场,试图对该方法的模拟精度进行研究。杨宝俊等[103]、薛昭等[104]、贺茜君等[105]对该方法进行了深入研究,并取得了良好的模拟效果。综上所述,该方法的主要优点是适用于模拟任意地质形态,能够对复杂地层形态进行真实模拟,但其缺点是占用大量的存储和计算量。

谱元法(spectral element method,SEM),也称为高阶有限元法或谱域分解法[106]。该方法不仅具有处理复杂边界问题的优势,还具有收敛速度快、精度高的优点。1984 年,A. T. Patera[107]在流体动力学研究中首次提出了 SEM 方法。之后,G. Seriani 等[108]在 1994 年将该方法成功应用到声波数值模拟计算中。

SEM 方法的主要步骤包括[109]:

(1)获得波动方程的弱形式,并将计算区域划分为许多子单元,即对模型进行参数化。该过程与 FEM 有所不同。以三维模拟为例,在有限元中,可以使用各种类型的元素进行模型划分,例如四面体元素、六面体元素、圆锥元素或圆柱元素等,而在传统的 SEM 中,只能使用六面体元素进行模型划分。

(2)在每个子元素中,近似解由截断的 Chebyshev 或 Lagrange 正交多项式表示,并相应展开。与传统的有限元分析不同,每个小元素的多项式次数也是限制仿真精度的一个因素。

(3)通过求解变分问题获得离散解。对于拉格朗日谱元法和切比雪夫谱元法,前者计算量大,并且由于使用了拉格朗日多项式而降低了计算精度。后者具有元素集成的优势,并且可以获得准确的解决方案[110]。根据已有的文献,之前国内很少有学者对 SEM 地震波场进行数值模拟,直到近年来有学者进行了相关的研究工作,现进行总结。林伟军等[111]2005 年在 SEM 中引入了基于拉格朗日多项式展开的逐元素技术,从而降低了内存需求和计算复杂性,随后详细讨论了切比雪夫谱元法的基本理论和相应的数学公式。严珍珍等[112]将 SEM 应用到地球自由振荡和汶川地震的数值模拟中。王童奎等[113]将 SEM 应用于横观各向同性介质中地震波场的数值模拟。国外的研究进展有:D. Komatitsch 等[114]通过与文本分散法和反射法比较,讨论了 SEM 的优势。后来,D. Komatitsch 在 SEM 中引入了一种更灵活的网格生成方法,以尽可能真实地反映诸如主要界面、断层和速度异常平面等地质结构的特征。2009 年,D. Komatitsch 等提出了一种节能的局部时间分割方法,并将其应用于 SEM 的数值模拟。近年来,D. Komatitsch 等[115]使用图形处理器(GPU)来提高 SEM 的计算速度。

有限差分法是偏微分方程的主要数值方法之一,其主要思想是使用差分法来近似差分。特别是近年来,已经发展了交错网格有限差分法、任意偶数精度有限差分法、不规则网格有限差分法和隐式差分法,极大地提高了数值模拟的精度,同时加快了该方法的走向应用[116-117]。H. Igel 等[118]、金璨等[119]均采用交错网格有限差分法来模拟各向异性介质中的波场。国内许多学者对该算法的波场正演模拟进行了研究,并讨论了交错网格有限差分法的稳定性条件[120];模拟了三维各向异性和两相各向异性介质中的波场快照,并研究了层状各向异性介质中剪切波分裂和再分裂的波场特征[121-122]。然而对于超声相控阵模拟而言,我们感兴趣的是复杂的非均匀介质中波动方程在时域上宽频带的数值解。有限差分法和有限元法的不足之处是二者求解声波方程时一个波场内至少需要 10 个网格才能保证计算结果的精度,极大地增加了计算量。例如,模拟 3 MHz 的超声相控阵成像,穿透深度约为 15 cm,对于基频而言,此深度相当于 300 个超声波长,而对于二次谐波,相当于 600 个波长。如果每个波长利用 10 个网格进行离散,转换到三维空间就要超过 10^{11} 个网格单元,即使利用单精度进行存储,也需要 40 GB 的电脑存储空间。在时间域,还需要取较小的时间步长才能消除数值频散,计算量就更大了。因此,对于三维复杂介质的高频精细波场分析,需要着重考虑有限差分法的计算成本。

伪谱法是偏微分方程的一种数值解法,该方法将频谱计算与空间求导相结合,特别是引入 FFT 算法,更是极大地提高了该算法的效率,因此该方法的特点是具有精度高、省时省计算量、节省空间等优点,不需要处理计算区域内介质属性的变化[123]。伪谱法最早见于 20 世纪 70 年代,通过快速傅立叶变换(FFT)将空间域变换到波数域,免去了空间求导,只需在时间域上进行差分运算。伪谱法是高阶 FDM 中空间差分的阶数达到无穷时的极限情况,故可以将其看成 FDM 的推广。在同等精度的要求下,伪谱法的采样点数比 FDM 的少,占用内存相对较少。与 FDM 一样,伪谱法也可以采用交错网格来提高波场模拟的计算精度[124]。此外,在波场模拟中,边界条件成为波场模拟中必须解决的问题。伪谱法除了正常的边界条件外,在用傅立叶多项式进行插值的时候还会出现周期性边界。这种边界会干扰波场中的有效成分,反周期延拓则可以较好地解决这个问题[125]。3D 波场数值模拟最大的困难是计算量过大。2.5D 模拟是克服 3D 模拟计算量大的有效方法。但是伪谱法对于确定的模型,不论模型复杂与否,计算要求(比如内存、CPU 时间)都一样。为了克服这个缺点,H. Takenaka 等[126]选取几何对称的模型作为研究对象,利用对称性将计算区域缩减使得伪谱法对不同的模型具有区分功能,以此变相提高计算效率,节约内存。此外,并行运算是克服计算量过大的有效方法。但是伪谱法微分算子的全局性使得伪谱法不利于并行运算。国外,Furumura 等提出的并行伪谱法以及 Hung 等提出的并行多域算法[127]很好地解决了伪谱法并行运算的问题;国内学者提出的多域分解法、重叠区域分解法、多线程并行计算方法等在实现伪谱法并行计算方面都取得了较好的结果,已经被广泛用于超声波无损检测数值模拟工作中[128-130],这些研究工作的应用效果表明伪谱法能精确模拟超声相控阵过程。伪谱法具有占用内存小、模拟精度高、计算效率高等优点,在三维混凝土波场模拟中可以大幅度降低计算量。为此,本书的混凝土超声波计算采用有限差分法与伪谱法。

然而,需要指出的是,在混凝土结构中对每一条裂隙都进行精准识别是非常困难的。因为受粗细骨料等散射干扰限制分辨率且裂隙一般成群出现,试图采用超声波检测对一条微裂隙进行识别定位是十分困难的,但是已有研究成果证明可通过声波信号的衰减识别裂隙聚集区的裂隙密度[131],为结构损伤识别提供了新的方向。然而,混凝土的超声波检测信号同时包含了骨料和裂隙信息,为此本书拟在采用随机裂隙模拟混凝土中结构缺陷的基础上,与混凝土随机粗骨料模型相结合,实现对细观尺度下混凝土内部结构的随机建模,进而开展混凝土内部结构参数的超声响应特征研究。

2 混凝土及其组分材料声学特性试验研究

混凝土的宏观属性特征,取决于内部组分材料的物理属性、含量和空间分布,超声波在混凝土中的传播速度、传播时间、运动方向、振幅能量和频率等与其在传播路径上遇到的介质的声学特性和分布方式密切相关。因此,研究混凝土及其组分材料的声学特性,是进一步掌握超声波的传播规律和定量研究混凝土中超声波场特征的物理前提。本章以水灰比、灰砂比、骨料粒径、骨料体积比等为参变量,以超声波的速度、衰减为因变量,系统地测量和分析了水泥砂浆材料、骨料材料和混凝土中超声波的声学特性。

2.1 试验样品准备

本章以水泥砂浆及与骨料相同岩性的玄武岩和混凝土为测试对象,系统地研究了混凝土的细观组分材料和混凝土的声学参数特征。

2.1.1 混凝土试样

考虑骨料粒径的影响,选择两种粒径的碎石骨料用以浇筑混凝土,如图 2-1 所示,两组碎石骨料的岩性均为玄武岩,仅在粒径上有区别。其中大尺寸骨料的公称最大粒径为 25 mm,小尺寸骨料的公称最大粒径为 12.5 mm。

所用水泥是强度等级为 42.5 的普通硅酸盐水泥,按照《普通混凝土配合比设计规程》(JGJ 55—2011)的指导[132],考虑水灰比、含砂量、骨料含量、骨料粒径的不同,设计混凝土的配合比见表 2-1。其中序号 1 和序号 2 混凝土的配合比相同,仅所用骨料的粒径不同。所有的混凝土试样都是在相同环境条件下采用相同的设备和方法制备的,以提高重复性。将脱模后的混凝土试样置于养护箱中,在温度为(20±1)℃、湿度>95%条件下养护 28 d,其中部分混凝土试样如图 2-2 所示。

图 2-1　两组不同粒径的骨料

表 2-1　混凝土配合比设计参数　　　　　　　单位:kg/m³

序号	水泥	水	砂	粗骨料	骨料类型
1	423	192	612	1 244	大
2	423	192	612	1 244	小
3	500	160	725	1 244	小
4	500	160	725	1 002	小

图 2-2　部分混凝土试样

2.1.2　水泥砂浆

水泥砂浆是由水、水泥和细骨料(砂)按照一定的比例混合搅拌制成的,同时还有一定数量的孔隙,从组分来看是一种复合材料。细骨料通常是细度模数在 2.2～3.0 范围内的天然砂或者细度模数在 2.4～2.8 范围内的人工砂,选择平均粒径为 0.35～0.5 mm 的河砂。超声波在水泥砂浆中的传播速度约为 4 000 m/s,用于检测混凝土介质的常用超声波频率在 50 k～200 kHz 范围内,对应的波长为 2～8 cm,远大于河砂颗粒的尺寸,因此水泥砂浆材料可以视为均匀介质。另外,根据 L. J. Jacobs 等[5] 的试验结果可以假定超声波在水泥砂浆中的衰减均来自材料自身的固有吸收作用。

此处的水泥砂浆试样是作为混凝土的主要组分来研究的,因此其水、水泥和砂的混合比例参照了混凝土试样的配合比设计。经过初步测试分析发现水泥砂浆的波速、密度与水灰比和灰砂比呈现明显的相关关系,为此考虑 0.4、0.5 两种水灰比,1:1、1:1.5 和 1:2 等 3 种灰砂比,浇筑了 6 组试样,每组包含 3 个,共 18 个试样,见表 2-2。将搅拌均匀的水泥砂浆捣入直径为 50 mm、高度为 100 mm 的试模中,充分振捣后置于养护箱内在恒温恒湿条件下养护 28 d,养护完成后将两端磨平,试样如图 2-3 所示。

表 2-2　水泥砂浆试样的配合比

序号	水泥	中砂	水
A1	1	1	0.4
A2	1	1.5	0.4
A3	1	2	0.4
B1	1	1	0.5
B2	1	1.5	0.5
B3	1	2	0.5

2.1.3　玄武岩岩样

骨料的形状不规则、尺寸太小,难以加工成声学参数测试所要求的几何形状,为此采用间接法测量骨料的声学参数,即选择与骨料相同岩性的岩石作为替代,将测量得到的玄武岩岩样(图 2-4)声学参数作为骨料的声学参数,其形状为直径为 50 mm、高度为 100 mm 的圆柱。

2.2　声阻抗特性

试验中使用的测量设备包括任意波形发生器(Keysight 33500B Series)、示

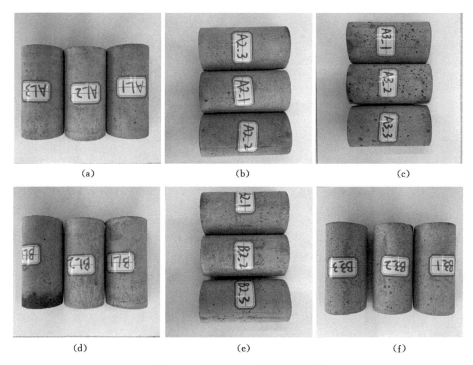

(a) (b) (c)

(d) (e) (f)

图 2-3 不同配合比水泥砂浆试样

图 2-4 玄武岩岩样

波器(Keysight DSOX 1102G)和宽频带超声波探头(OLYMPUS V191)。经过试验,示波器可以敏锐地捕捉到透射信号,因此没有在测量系统中接入功率放大器。设备连接示意图和超声波探头如图 2-5 所示。

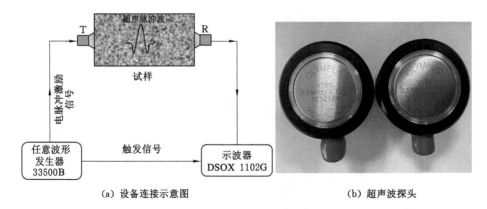

(a) 设备连接示意图　　　　　　　　(b) 超声波探头

图 2-5　设备连接示意图和超声波探头

　　测量过程中首先由任意波形发生器发射设定好频率和幅值等参数的方波信号,该方波信号被分为两路:一路作为同步信号触发示波器开始采集电信号,一路作为驱动信号激励超声波探头。超声波发射探头 T 发射脉冲信号进入试样介质引起另一端接收探头 R 的振动,振动信号转换为电信号,被示波器采集。图 2-5(b)所示探头对接测试后得到的超声波时域波形和频域振幅谱,如图 2-6所示。

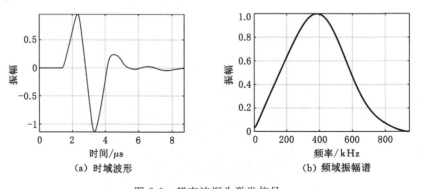

(a) 时域波形　　　　　　　　　　(b) 频域振幅谱

图 2-6　超声波探头激发信号

2.2.1　组分材料声阻抗参数测量

　　声阻抗是表征介质动力学特性的基本物理量,超声波在传播过程中遇到声阻抗不同的介质时会出现反射、折射、透射等现象,其值等于介质密度和波速的乘积。

　　超声波速度测量采用脉冲波透射法,按照传播距离和时间的比值来确定。

需要指出的是,在有些文献中,因为直达波起跳幅值很小而不易判读,所以按照波峰传播时间和距离求取速度,这对于弹性均匀介质来说是没有问题的,但是对于耗散介质来说,尤其是存在频率衰减的介质,波形会因为频率的降低而被拉长,同时受非均质影响,波形发生畸变,所以选择读取波峰的传播时间可能存在较大误差,因此本书选择读取直达波起跳时间来确定超声波的传播时间。某水泥砂浆试样透射实测信号如图 2-7 所示,将信号放大后可以观测得到直达波起跳时间为 24.5 μs。

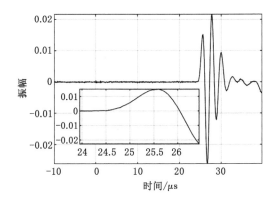

图 2-7 水泥砂浆透射波信号

示波器记录到的透射波传播时间,除了超声波在介质内的单程传播时间外,还包含测量电路的信号延迟时间,为了准确得到超声波在介质中传播的时间,需要从总记录时间中减去这个部分。探头对接记录到的波形起跳时刻即系统延迟,图 2-6(a)所示信号测量系统延迟约 1.7 μs,如果中途更换测量设备,需要再次标定零声时。

测量得到的超声波在水泥砂浆试样中的传播速度如图 2-8 所示,可以看出:超声波在水泥砂浆中的传播速度与砂的含量呈正相关关系,砂的含量越大,波速越大;超声波波速与水灰比呈负相关关系,灰砂比一定时,水灰比越大,波速越小。

计算得到的水泥砂浆试样相应的密度如图 2-9 所示,可以看出:当水灰比为 0.5 时,水泥砂浆的密度随着含砂量的增大而增大;当水灰比为 2∶5 时,灰砂比为 1∶2 的水泥砂浆的密度小于灰砂比为 1∶1.5 的密度。

另外,测试玄武岩试样的超声波平均速度为 6 217 m/s,密度为 2 760 kg/m³。

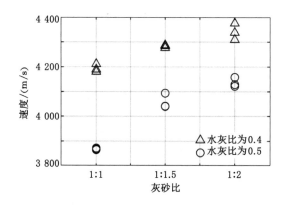

图 2-8　超声波在不同配合比的水泥砂浆中的传播速度

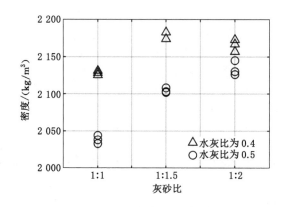

图 2-9　不同配合比的水泥砂浆密度

2.2.2　混凝土超声波波速

　　统计表 2-1 中混凝土的超声波波速,见表 2-3,对比第 1 组和第 2 组混凝土的波速可知:相同配合比条件下,骨料的粒径越小,对应的超声波速度越快,这是因为骨料粒径越小,堆积越密集,超声波传播路径上经过骨料的成分越多,宏观上表现为传播速度越快。比较 2 组和 3 组的测试结果可知:水灰比越低、灰砂比越高,混凝土超声波速度越快,这与水泥砂浆中水灰比和灰砂比对超声波波速的影响规律相同。比较第 3 组和第 4 组的测试结果可知:骨料的含量越低,超声波速度越慢,这是因为超声波在骨料中的传播速度快于在水泥砂浆中的。

表 2-3　混凝土超声波波速　　　　　　单位:m/s

序号	试样 1	试样 2	试样 3	平均速度
1	5 085	5 059	4 902	5 015
2	5 111	5 172	5 102	5 128
3	5 227	5 226	5 208	5 220
4	4 967	4 918	4 926	4 937

2.3　品质因子 Q 特性

　　超声波的衰减很大程度上取决于介质的材料属性和非均质结构,一般情况下,介质内部物理状态改变导致的衰减变化远比速度变化明显。超声波在传播过程中遇到不密实、空洞、裂缝、脱空等缺陷时,其幅值变化非常明显,并且与缺陷的具体形状、规模和性质密切相关。引起超声波衰减的主要因素包括几何扩散、界面反射、骨料散射、材料本征吸收作用,其中材料本征吸收作用使介质内部存在微观摩擦,部分机械能转变为热能,其余作用均为弹性过程。对于结构完整的混凝土,超声波的振幅衰减主要由几何扩散、骨料散射和材料本征吸收作用决定,因此,区分和确定不同物理机制的衰减作用,对于准确认识混凝土的物理性质和内部结构特征及评估结构完整性和质量评价来说意义重大。

　　由前面内容可知:水泥砂浆基质于 200 kHz 以下的超声波可以视为均匀介质,发生在微观层面的反射、散射等能量耗散,可以归为介质黏弹性引起的固有吸收作用。品质因子 Q 被用于描述介质的非完全弹性特征,是量化由介质黏弹性引起的弹性波能量衰减和表征介质的固有吸收衰减性质的重要物理参数。对于完全弹性介质,弹性波传播过程中不存在机械能向热能的转变,其品质因子 Q 趋于无穷大;对于非完全弹性介质,其品质因子 Q 越小,介质对波能的消耗作用越大。

　　实验室测量品质因子 Q 的方法有很多,常用的有对数谱比法、振幅衰减法、解析信号法等。本书采用对数谱比法对混凝土的骨料和水泥砂浆进行测算,将与待测样本几何形状完全相同的金属铝作为参考样本(图 2-10),该方法可以有效避免几何扩散、反射和散射引起的误差。

　　在相同的条件下,对待测样本和金属铝使用短脉冲宽频带信号进行透射测量。铝样和待测样本的透射波振幅可以表示为:

$$A_1(f) = G_1(x)e^{-a_1(f)x}e^{i[2\pi ft - k_1(x)]} \tag{2-1}$$

图 2-10　铝质参考样品

$$A_2(f) = G_2(x)\mathrm{e}^{-a_2(f)x}\mathrm{e}^{\mathrm{i}[2\pi ft - k_2(x)]} \tag{2-2}$$

式中，A 为振幅；f 为频率；x 为传播距离；k 为波数，$k = 2\pi f/v$；v 为速度；$G(x)$ 为包括几何扩散、反射等的几何因子，下标 1 和 2 分别指铝样和待测样品；$\alpha(f)$ 为与频率线性相关的衰减系数，其频率相关性可以表示为：

$$\alpha = \gamma f \tag{2-3}$$

式中，γ 为与品质因子有关的常数，关系式如下：

$$Q = \frac{\pi}{\gamma v} \tag{2-4}$$

将式（2-1）和式（2-2）的比值取对数，得：

$$\ln\frac{A_1}{A_2} = (\gamma_2 - \gamma_1)xf + \ln\frac{G_1}{G_2} \tag{2-5}$$

因为铝样和待测样品具有完全相同的形状和尺寸，传播距离 x 相同且已知，并且 G_1 和 G_2 是与频率无关的标量。因此把 $\ln(A_1/A_2)$ 看成因变量 Y，频率 f 看成自变量 x，那么式（2-5）就是一个线性方程，斜率就是 $(\gamma_2 - \gamma_1)x$。又因为 $\gamma_1 = 0$，传播距离 x 相同且已知，所以可以通过 $\ln(A_1/A_2)$ 与频率 f 拟合的直线的斜率求得 γ_2 的值。

按照上述方法，以某个水泥砂浆试样和玄武岩为例，阐述应用对数谱比法计算品质因子的具体步骤如图 2-11 所示。首先从记录信号中截取 2 个周期的直达波形数据[图 2-11(a)、图 2-11(d)]，然后对截取信号做傅立叶变换得到振幅谱[图 2-11(b)、图 2-11(e)]，最后取铝样和待测样品振幅比值的对数为纵坐标，以频率为横坐标，作出拟合直线，如图 2-11(c)和图 2-11(f)所示，并求出直线的斜率。

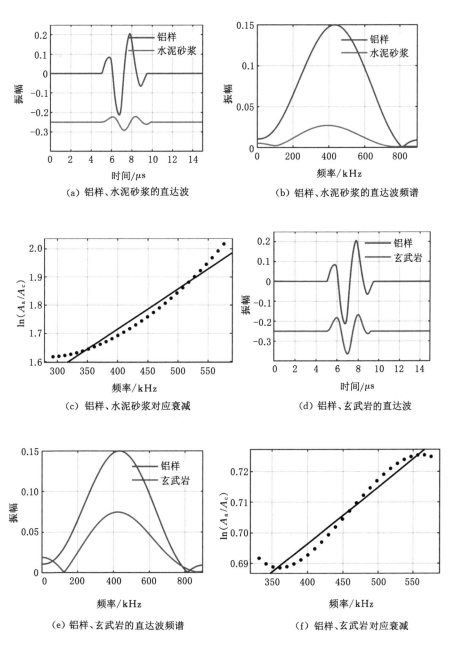

（a）铝样、水泥砂浆的直达波

（b）铝样、水泥砂浆的直达波频谱

（c）铝样、水泥砂浆对应衰减

（d）铝样、玄武岩的直达波

（e）铝样、玄武岩的直达波频谱

（f）铝样、玄武岩对应衰减

图 2-11 谱比法计算品质因子的步骤

按照上述计算品质因子的流程,对各个水泥砂浆试样和玄武岩的数据进行分析计算,利用式(2-4)和式(2-5)计算统计品质因子 Q,水泥砂浆的品质因子如图 2-12 所示。水泥砂浆的品质因子取值主要在 40～70 范围内,水灰比和灰砂比对品质因子的影响没有明显的规律。另外,玄武岩试样的平均品质因子为 255。

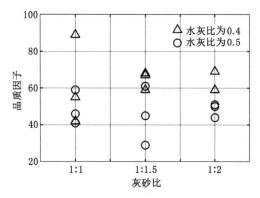

图 2-12　水泥砂浆品质因子

2.4　本章小结

本章以水泥砂浆、混凝土和碎石骨料为研究对象,围绕影响混凝土材料特性的主要参数,浇筑了不同骨料粒径、水灰比和含砂量的混凝土和水泥砂浆。通过分析透射波的传播时间和振幅能量等,对材料的声阻抗和品质因子进行了测量分析,探讨了骨料粒径、水灰比、含砂量对混凝土和水泥砂浆声学参数的影响规律,得到如下主要结论:

(1)水灰比对超声波速度起负相关作用,水灰比越低,水泥砂浆和混凝土中超声波传播速度越快;含砂量对超声波速度起正相关作用。

(2)除水泥砂浆基质外,骨料也是影响混凝土波速的主要因素。因为超声波在碎石骨料中的传播速度比在水泥砂浆中的快,所以骨料的含量越大,混凝土中超声波的传播速度越快;相同骨料体积含量的混凝土,采用较小粒径骨料时速度较大。

(3)玄武岩碎石骨料的品质因子在 200 以上,水泥砂浆的品质因子主要在 40～70 范围内,这意味着相比在骨料中传播,超声波在水泥砂浆中传播时衰减更强烈。

3 细观组分对混凝土中超声波传播特征的影响研究

在混凝土表面采集到的超声波振动信号是内部组分介质和缺陷综合作用的结果。缺陷与混凝土介质声学属性的差异是定量评估混凝土完整性的基础。第 2 章的研究成果显示:混凝土内部组分材料之间声学特性存在明显差异,因配合比不同,水泥砂浆基质物理特性和骨料含量多种多样。

混凝土介质自身的非均匀性尺度与超声波波长接近时,对超声波有着强烈的随机扰动作用,不同程度干扰了数据处理和解释的可靠性。因此,系统研究混凝土细观组分对超声波传播特征的影响规律,可以促进认识混凝土中的复杂超声波场,有助于超声波与结构缺陷之间关系的定量分析以及有效检测手段的建立。

本章以混凝土为研究对象,利用第 2 章测定的混凝土组分材料的声学特性数据,基于数字图像处理技术获得混凝土随机骨料结构,定量研究不同骨料粒径、骨料含量、水泥砂浆波速和品质因子时超声波的传播特征,揭示超声波在混凝土中的传播规律,对于预测混凝土中的超声波信号,制定合理的数据采集方式和确定最优的超声波检测参数(频率、换能器尺寸和激励电压等)具有重要的意义。

3.1 黏弹性介质本构关系和波动方程

3.1.1 弹性波动方程

在各向同性假设下,弹性介质中的三维应力和应变关系(胡克定律)可以写为:

$$
\begin{bmatrix}
\sigma_{xx} \\
\sigma_{yy} \\
\sigma_{zz} \\
\sigma_{yz} \\
\sigma_{zx} \\
\sigma_{xy}
\end{bmatrix}
=
\begin{bmatrix}
\lambda+2\mu & \lambda & \lambda & 0 & 0 & 0 \\
\lambda & \lambda+2\mu & \lambda & 0 & 0 & 0 \\
\lambda & \lambda & \lambda+2\mu & 0 & 0 & 0 \\
0 & 0 & 0 & \mu & 0 & 0 \\
0 & 0 & 0 & 0 & \mu & 0 \\
0 & 0 & 0 & 0 & 0 & \mu
\end{bmatrix}
\begin{bmatrix}
\varepsilon_{xx} \\
\varepsilon_{yy} \\
\varepsilon_{zz} \\
\varepsilon_{yz} \\
\varepsilon_{zx} \\
\varepsilon_{xy}
\end{bmatrix}
\tag{3-1}
$$

式中，$(\sigma_{xx},\sigma_{yy},\sigma_{zz},\sigma_{yz},\sigma_{zx},\sigma_{xy})$为应力分量；$(\varepsilon_{xx},\varepsilon_{yy},\varepsilon_{zz},\varepsilon_{yz},\varepsilon_{zx},\varepsilon_{xy})$为应变分量；$\lambda,\mu$为拉梅常数。

弹性介质中的运动平衡微分方程可以写为：

$$
\begin{cases}
\rho\dfrac{\partial^2 u_x}{\partial t^2}=\dfrac{\partial \sigma_{xx}}{\partial x}+\dfrac{\partial \sigma_{xy}}{\partial y}+\dfrac{\partial \sigma_{xz}}{\partial z}+\rho f_x \\[2mm]
\rho\dfrac{\partial^2 u_y}{\partial t^2}=\dfrac{\partial \sigma_{yx}}{\partial x}+\dfrac{\partial \sigma_{yy}}{\partial y}+\dfrac{\partial \sigma_{yz}}{\partial z}+\rho f_y \\[2mm]
\rho\dfrac{\partial^2 u_z}{\partial t^2}=\dfrac{\partial \sigma_{zx}}{\partial x}+\dfrac{\partial \sigma_{zy}}{\partial y}+\dfrac{\partial \sigma_{zz}}{\partial z}+\rho f_z
\end{cases}
\tag{3-2}
$$

式中，(u_x,u_y,u_z)为质点在 x 轴、y 轴、z 轴三个方向上振动的位移分量；ρ 为密度；(f_x,f_y,f_z)为外力分量。

位移-应变关系可以写为：

$$
\begin{cases}
\varepsilon_{xx}=\dfrac{\partial u_x}{\partial x} \\[2mm]
\varepsilon_{yy}=\dfrac{\partial u_y}{\partial y} \\[2mm]
\varepsilon_{zz}=\dfrac{\partial u_z}{\partial z} \\[2mm]
\varepsilon_{xy}=\dfrac{1}{2}\left(\dfrac{\partial u_y}{\partial x}+\dfrac{\partial u_x}{\partial y}\right) \\[2mm]
\varepsilon_{yz}=\dfrac{1}{2}\left(\dfrac{\partial u_z}{\partial y}+\dfrac{\partial u_y}{\partial z}\right) \\[2mm]
\varepsilon_{zx}=\dfrac{1}{2}\left(\dfrac{\partial u_x}{\partial z}+\dfrac{\partial u_z}{\partial x}\right)
\end{cases}
\tag{3-3}
$$

将位移-应变关系式代入式（3-1），并将式中的位移分量用质点振动的速度分量（$\nu_x=\partial u_x/\partial t$，$\nu_y=\partial u_y/\partial t$，$\nu_z=\partial u_z/\partial t$）代替，在没有外力或者停止外力作用后，可以得到由速度和应力表示的一阶弹性波方程组：

$$\begin{cases} \dfrac{\partial \sigma_{xx}}{\partial t} = \lambda \left(\dfrac{\partial v_x}{\partial x} + \dfrac{\partial v_y}{\partial y} + \dfrac{\partial v_z}{\partial z} \right) + 2\mu \dfrac{\partial v_x}{\partial x} \\[2mm] \dfrac{\partial \sigma_{yy}}{\partial t} = \lambda \left(\dfrac{\partial v_x}{\partial x} + \dfrac{\partial v_y}{\partial y} + \dfrac{\partial v_z}{\partial z} \right) + 2\mu \dfrac{\partial v_y}{\partial y} \\[2mm] \dfrac{\partial \sigma_{zz}}{\partial t} = \lambda \left(\dfrac{\partial v_x}{\partial x} + \dfrac{\partial v_y}{\partial y} + \dfrac{\partial v_z}{\partial z} \right) + 2\mu \dfrac{\partial v_z}{\partial z} \\[2mm] \dfrac{\partial \sigma_{xz}}{\partial t} = \mu \left(\dfrac{\partial v_x}{\partial z} + \dfrac{\partial v_z}{\partial x} \right) \\[2mm] \dfrac{\partial \sigma_{xy}}{\partial t} = \mu \left(\dfrac{\partial v_x}{\partial y} + \dfrac{\partial v_y}{\partial x} \right) \\[2mm] \dfrac{\partial \sigma_{yz}}{\partial t} = \mu \left(\dfrac{\partial v_z}{\partial y} + \dfrac{\partial v_y}{\partial z} \right) \\[2mm] \rho \dfrac{\partial v_x}{\partial t} = \dfrac{\partial \sigma_{xx}}{\partial x} + \dfrac{\partial \sigma_{xy}}{\partial y} + \dfrac{\partial \sigma_{xz}}{\partial z} \\[2mm] \rho \dfrac{\partial v_y}{\partial t} = \dfrac{\partial \sigma_{yx}}{\partial x} + \dfrac{\partial \sigma_{yy}}{\partial y} + \dfrac{\partial \sigma_{yz}}{\partial z} \\[2mm] \rho \dfrac{\partial v_z}{\partial t} = \dfrac{\partial \sigma_{zx}}{\partial x} + \dfrac{\partial \sigma_{zy}}{\partial y} + \dfrac{\partial \sigma_{zz}}{\partial z} \end{cases} \tag{3-4}$$

3.1.2 黏弹性波动方程

混凝土内部有微小孔洞,同时在微观水平存在骨料裂缝、孔隙和黏着裂缝等,这会导致超声波在微观层面发生小尺度反射、绕射、散射等现象,造成超声波能量衰减,反映在宏观尺度上就是混凝土的黏弹性特征,因此在模拟超声波在混凝土结构中的传播,要考虑这些因素对超声波的影响。

Kelvin-Voigt 模型能够在不引入附加场变量的情况下充分描述各向同性非弹性介质的本构关系,因此有着很高的计算效率,在地学领域被广泛用于描述介质对弹性波的衰减作用。黏弹性体可以视为弹簧(弹性体)和阻尼器(黏滞体)的组合,二者并联组合就是 Kelvin-Voigt 黏弹性模型,如图 3-1 所示,图中 η 表示黏滞体的黏滞系数。根据各向同性弹性介质的物性参数与 Kelvin-Voigt 黏弹性介质物性参数的对应规则 $\lambda \leftrightarrow \lambda + \lambda' \partial/\partial t$ 和 $\mu \leftrightarrow \mu + \mu' \partial/\partial t$,可以估算应力和应变的关系。根据此变换关系可以得到开尔文黏弹性介质的一阶速度-应力波动方程:

$$
\begin{cases}
\dfrac{\partial \sigma_{xx}}{\partial t} = \left(\lambda + \lambda' \dfrac{\partial}{\partial t}\right)\left(\dfrac{\partial v_x}{\partial x} + \dfrac{\partial v_y}{\partial y} + \dfrac{\partial v_z}{\partial z}\right) + \left(2\mu + 2\mu' \dfrac{\partial}{\partial t}\right)\dfrac{\partial v_x}{\partial x} \\[2mm]
\dfrac{\partial \sigma_{yy}}{\partial t} = \left(\lambda + \lambda' \dfrac{\partial}{\partial t}\right)\left(\dfrac{\partial v_x}{\partial x} + \dfrac{\partial v_y}{\partial y} + \dfrac{\partial v_z}{\partial z}\right) + \left(2\mu + 2\mu' \dfrac{\partial}{\partial t}\right)\dfrac{\partial v_y}{\partial y} \\[2mm]
\dfrac{\partial \sigma_{zz}}{\partial t} = \left(\lambda + \lambda' \dfrac{\partial}{\partial t}\right)\left(\dfrac{\partial v_x}{\partial x} + \dfrac{\partial v_y}{\partial y} + \dfrac{\partial v_z}{\partial z}\right) + \left(2\mu + 2\mu' \dfrac{\partial}{\partial t}\right)\dfrac{\partial v_z}{\partial z} \\[2mm]
\dfrac{\partial \sigma_{xz}}{\partial t} = \left(2\mu + 2\mu' \dfrac{\partial}{\partial t}\right)\left(\dfrac{\partial v_x}{\partial z} + \dfrac{\partial v_z}{\partial x}\right) \\[2mm]
\dfrac{\partial \sigma_{xy}}{\partial t} = \left(2\mu + 2\mu' \dfrac{\partial}{\partial t}\right)\left(\dfrac{\partial v_x}{\partial y} + \dfrac{\partial v_y}{\partial x}\right) \\[2mm]
\dfrac{\partial \sigma_{yz}}{\partial t} = \left(2\mu + 2\mu' \dfrac{\partial}{\partial t}\right)\left(\dfrac{\partial v_z}{\partial y} + \dfrac{\partial v_y}{\partial z}\right) \\[2mm]
\rho \dfrac{\partial v_x}{\partial t} = \dfrac{\partial \sigma_{xx}}{\partial x} + \dfrac{\partial \sigma_{xy}}{\partial y} + \dfrac{\partial \sigma_{xz}}{\partial z} \\[2mm]
\rho \dfrac{\partial v_y}{\partial t} = \dfrac{\partial \sigma_{yx}}{\partial x} + \dfrac{\partial \sigma_{yy}}{\partial y} + \dfrac{\partial \sigma_{yz}}{\partial z} \\[2mm]
\rho \dfrac{\partial v_z}{\partial t} = \dfrac{\partial \sigma_{zx}}{\partial x} + \dfrac{\partial \sigma_{zy}}{\partial y} + \dfrac{\partial \sigma_{zz}}{\partial z}
\end{cases}
\tag{3-5}
$$

介质的拉梅常数与超声波在介质中传播速度的关系式为:

$$
\begin{cases}
\lambda + 2\mu = \rho v_p^2 & (\mu = \rho v_s^2) \\[2mm]
\lambda' + 2\mu' = \dfrac{\rho v_p^2}{Q_p w} & \left(\mu' = \dfrac{\rho v_s^2}{Q_s w}\right)
\end{cases}
\tag{3-6}
$$

式中,v_p,v_s 为纵波和横波的波速;Q_p,Q_s 为纵波和横波的品质因子;w 为角频率。

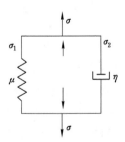

图 3-1　Kelvin-Voigt 黏弹性体示意图

　　为了简化研究,忽略横波和各种转换波的影响,令声压 P 表示应力 σ_{xx} 和 σ_{zz},给出二维黏弹性声波方程的一阶速度-应力方程:

$$\begin{cases} \dfrac{\partial P}{\partial t} = \lambda(\dfrac{\partial v_x}{\partial x} + \dfrac{\partial v_z}{\partial z}) + \lambda'(\dfrac{\partial^2 v_x}{\partial x \partial t} + \dfrac{\partial^2 v_z}{\partial z \partial t}) \\[4mm] \rho \dfrac{\partial v_x}{\partial t} = \dfrac{\partial P}{\partial x} \\[4mm] \rho \dfrac{\partial v_z}{\partial t} = \dfrac{\partial P}{\partial z} \end{cases} \tag{3-7}$$

为求解超声波在混凝土中的传播,应用 MATLAB 软件采用时域有限差分法求解声波方程,模拟超声波在混凝土中的传播。采用完美匹配层吸收边界条件消除模型边界反射,为了尽量最小化数值频散和避免数值不稳定,需要满足稳定条件[式(3-8)]和网格离散条件[式(3-9)]。

$$\Delta t \leqslant \frac{6}{7\sqrt{3}} \frac{\Delta x}{v_{max}} \tag{3-8}$$

$$\Delta x \leqslant \frac{v_{min}}{G f_N} \tag{3-9}$$

式中,f_N 为奈奎斯特频率;G 由有限差分格式的类型和阶数决定,对于 4 阶交错网格有限差分 G 取 4。

3.2　混凝土数值模型

为了在数值模拟过程中充分考虑混凝土随机非均匀性的影响,从骨料的粒径和含量的角度考虑,基于真实的混凝土二维细观几何结构,根据粗骨料粒径选择了 A、B、C 3 种不同的混凝土随机骨料模型,每种包含 3 个,图 3-2 至图 3-4 所示为每种类型模型的其中一个切片。混凝土的细观随机骨料模型均来自 15 cm ×15 cm 混凝土试样的切片,基于数字图像处理技术,利用阈值分割将骨料与水泥砂浆基质分离,得到混凝土的二维离散随机骨料模型。基于此可以准确、高效地统计骨料的粒径分布和体积占比。其中,图 3-2 所示为 A 类混凝土试样,主要由较大粒径的骨料组成,骨料的公称最大粒径 $d_{max}=25$ mm。图中 A 类随机骨料模型的骨料平均体积占比约为 0.54。图 3-3 所示为 B 类混凝土试样,主要由较小粒径的骨料组成,骨料的公称最大粒径 $d_{max}=12.5$ mm,相比 A 类混凝土试样,骨料粒径小、数量多,在空间中的分布视觉上更加密集。经过计算,B 类随机骨料模型的骨料平均体积占比约为 0.56,与 A 类混凝土试样的相近。

图 3-4 所示 C 类混凝土试样,其骨料粒径分布与图 3-3 相近,骨料的最大公称粒径 $d_{max}=12.5$ mm,但是骨料的含量小于 B 类试样的,骨料在空间中的分布更分散,图中所示 C 类随机骨料模型的骨料平均体积占比约为 0.43。

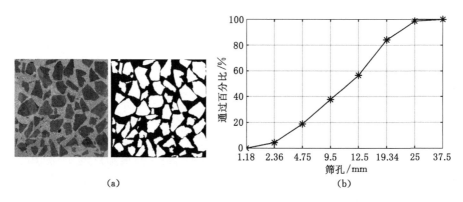

（a）   （b）

图 3-2　大粒径骨料组成的 A 类混凝土随机骨料模型

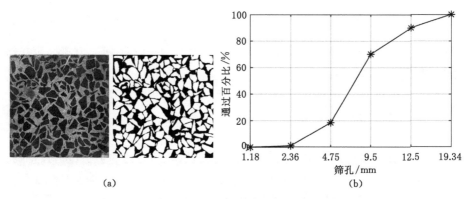

（a）   （b）

图 3-3　小粒径骨料组成的 B 类混凝土随机骨料模型

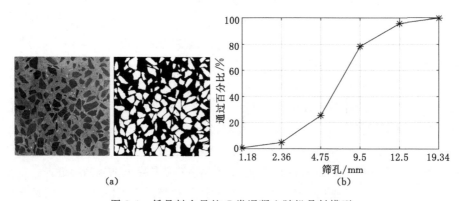

（a）   （b）

图 3-4　低骨料含量的 C 类混凝土随机骨料模型

根据第 2 章测量得到的水泥砂浆材料声阻抗参数的变化范围,纵波速度选择 3 800 m/s 和 4 320 m/s,品质因子选择了 40 和 90。骨料的材质为玄武岩,通过试验测得的速度为 6 217 m/s,品质因子为 255。

3.3 激励波型的选择

超声波的传播特征与声源的波型密切相关,目前市面上的超声换能器,根据激发超声波的工作频谱可以分为宽频带超声换能器和窄频带超声换能器两种。

宽频带超声波信号脉冲持续时间短、信号的频谱范围大、灵敏度高、有较好的轴向分辨力、在近场区域也有较好的分辨力,在厚度测量、速度测量和超声波衍射时差技术领域应用广泛。但是制造此类低频超声波换能器的技术难度和经济成本较高,目前市面上宽频带超声波探头的中心频率大多数在 0.5 MHz 以上。雷克子波是一种常用的模拟声波在介质中传播的脉冲波,其形状简单、延续时间短、收敛快,在时间域的数学表达式为:

$$R(t) = a \cdot \left\{ 1 - 2[\pi f_0(t - 1/f_0)]^2 \right\} \cdot \exp[-\pi f_0(t - 1/f_0)^2] \quad (3\text{-}10)$$

图 3-5 所示为应用奥林巴斯生产的 Centrascan 型超声波探头对接金属铝块测得的透射波信号和雷克子波模拟信号,图 3-5(a)和图 3-5(b)所示分别是实测透射波的时域波形和频域振幅谱,图 3-5(c)所示是雷克子波的时域波形,图 3-5(d)和图 3-5(e)所示是雷克子波与均匀介质卷积得到的模拟时域波形和频域振幅谱,可以看出实测信号与模拟结果的时域波形和频谱具有很好的一致性。窄频带超声波信号脉冲持续时间长,信号的频带范围窄,脉冲幅度较大,对应的超声波的穿透能力较强,有较好的保持中心频率的能力,因此常采用穿透法、谐振法和声振法等进行的超声波检测中。此类低频超声波换能器也比较容易加工制造,经济成本低。宽脉冲窄频带超声波信号可以用 Hanning 窗调制的正弦信号作为激励信号,其激励表达式为:

$$x(t) = \left[a \cdot \left(1 - \cos \frac{2\pi f_0 t}{n} \right) \right] \cdot \sin(2\pi f_0 t) \quad (3\text{-}11)$$

式中,a 为幅值标量;n 为周期数;f_0 为信号的中心频率。

图 3-6 所示为应用广东汕头超声电子股份有限公司生产的超声波探头对接铝块测得的透射信号和模拟信号。从图 3-6(b)中可以看到大约 120 μs 之后仍有较强的余震,这是超声波探头自身的性能所致。实测信号 120 μs 之前的部分与模拟信号较为一致。

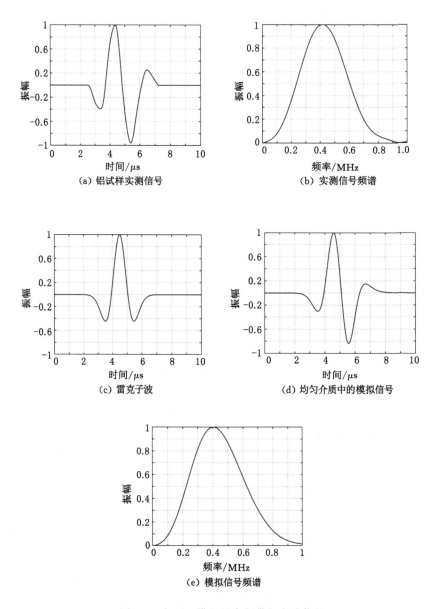

图 3-5　实测和模拟的宽频带超声波信号

　　雷克子波具有较宽的频带范围,在超声波传播过程中不同频率成分的信号的传播特性不同。应用宽频带信号可以较好地观察超声波在混凝土中传播时的能量和频率的衰减特征,因此选择宽频带的雷克子波作为激励波。

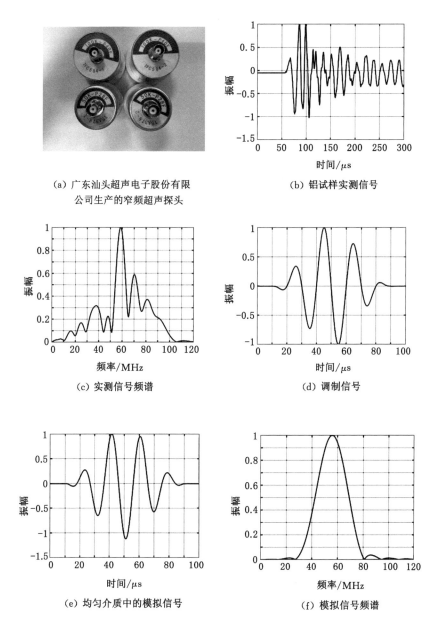

（a）广东汕头超声电子股份有限
公司生产的窄频超声探头

（b）铝试样实测信号

（c）实测信号频谱

（d）调制信号

（e）均匀介质中的模拟信号

（f）模拟信号频谱

图 3-6 实测和模拟的窄频带超声波信号

3.4 基于混凝土细观离散随机骨料模型正演模拟及超声波场分析

3.4.1 骨料粒径(级配)对超声波场的影响

为研究骨料粒径对超声波传播特征的影响,研究对象为 3.4.2 节中的 A 类和 B 类数值混凝土,二者的声学参数设置一致,具体信息见表 3-1。

表 3-1 中,两组模型仅在随机骨料模型上有差别,对二者进行比较可以说明不同尺寸的骨料对超声波传播造成的影响。模拟过程中,入射波的频率分别设置为 50 kHz、100 kHz、150 kHz 和 200 kHz。

表 3-1　不同粒径骨料的数值混凝土模型

序号	随机骨料模型	水泥砂浆基质			骨料		
		密度/(kg/m³)	速度/(m/s)	品质因子	密度/(kg/m³)	速度/(m/s)	品质因子
1	A	2 073	4 320	40	2760	6 217	255
2	B	2 073	4 320	40	2 760	6 217	255

图 3-7 为表 3-1 中第 1 组的 A_1 和第 2 组的 B_1 的波场快照,可以发现:骨料造成超声波信号的散射和反射,造成能量耗散,频率越高,散射越严重,波前信号变得模糊;相比大粒径的骨料结构,小粒径骨料造成的影响弱一些,波前信号相对较完整,200 kHz 超声波尤为明显。

为了对结果进行定量分析,分别在模型上表面和底部中心位置记录随时间变换的振动信号,如图 3-8 所示,可以看出:(1) 当入射波频率为 50 kHz 时,接收到的透射波波形与入射波波形基本一致,超声波穿过骨料粒径不同的两种混凝土后,幅值没有明显区别。(2) 随着频率的增大,骨料的影响逐渐显著,在直达波之后伴随着不规则的杂波,这是超声波在骨料表面发生反射和散射所致,超声波的频率越高,杂波越多,信号的幅值越小。(3) 同小粒径骨料的混凝土相比,大粒径骨料的混凝土中的超声波的幅值更小。

为了定量描述超声波能量和频率的衰减程度,从图 3-8 信号中截取直达波的波形数据,这里选取入射波和透射波从初至开始经两个周期的波形作为直达波波形数据,计算并绘制入射波和透射波的振幅谱,如图 3-9 所示。从振幅谱中可以发现:(1)经过混凝土后,超声波的峰值频率会向低频区域频移,并且频率越高,这种偏移程度越大;(2)入射波的峰值频率越高,得到的透射波的振幅越小,由于混凝土的随机性,同种类型的混凝土模型之间在峰值频率和最大振幅上也存在一定差别;(3)对于相同频率的入射波,大骨料对幅值的衰减强于小骨料。

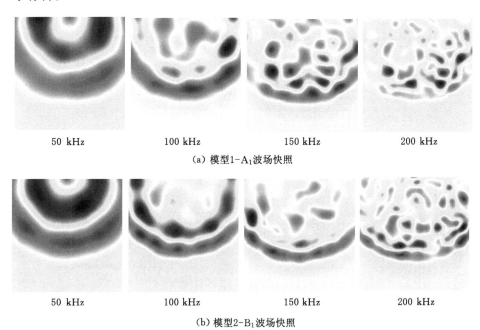

50 kHz　　　　100 kHz　　　　150 kHz　　　　200 kHz

(a) 模型1-A$_1$波场快照

50 kHz　　　　100 kHz　　　　150 kHz　　　　200 kHz

(b) 模型2-B$_1$波场快照

图 3-7　不同粒径骨料组成的混凝土中的波场快照对比

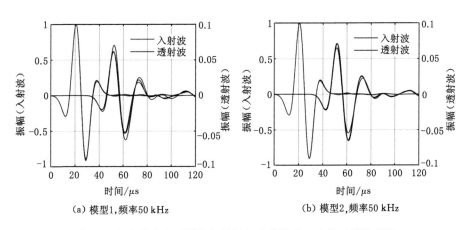

(a) 模型1,频率50 kHz　　　　(b) 模型2,频率50 kHz

图 3-8　超声波在由不同粒径骨料组成的混凝土中的时域波形图

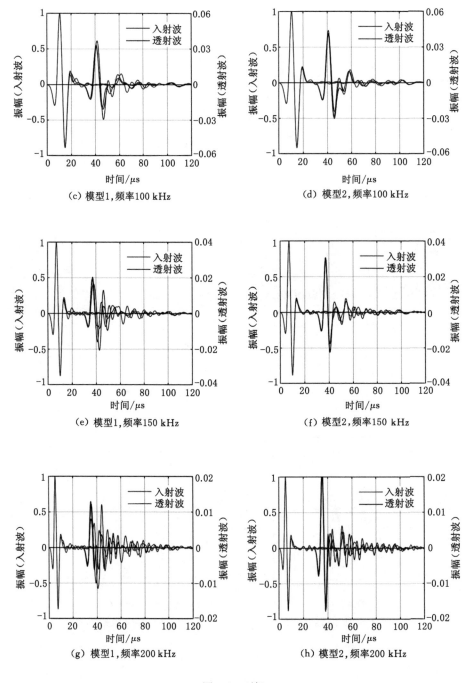

图 3-8 （续）

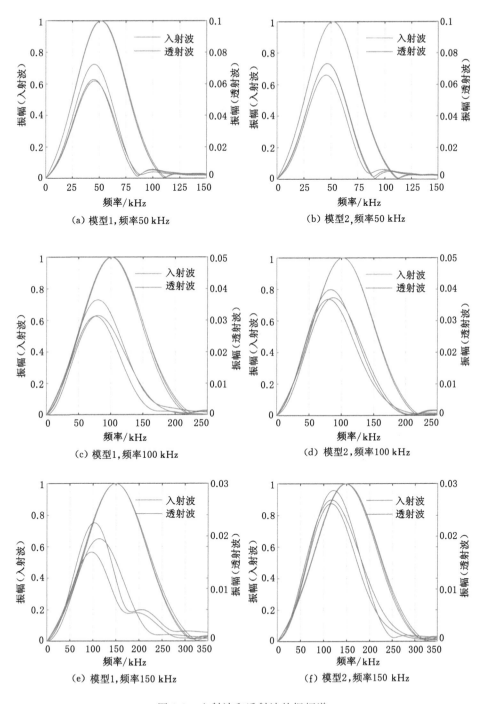

(a) 模型1，频率50 kHz

(b) 模型2，频率50 kHz

(c) 模型1，频率100 kHz

(d) 模型2，频率100 kHz

(e) 模型1，频率150 kHz

(f) 模型2，频率150 kHz

图 3-9　入射波和透射波的振幅谱

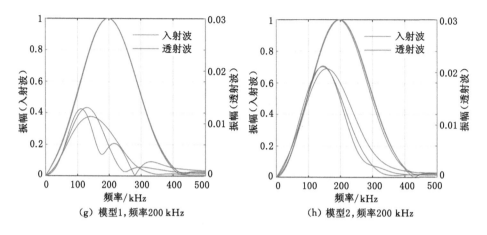

（g）模型1，频率200 kHz　　　　（h）模型2，频率200 kHz

图 3-9 （续）

按照式(3-12)计算超声波峰值能量的衰减。

$$\alpha = -\frac{20}{x}\lg\frac{A_x}{A_0} \tag{3-12}$$

式中，x 为超声波传播的距离；A_x 为超声波传至 x 位置处的幅值；A_0 为超声波的初始振幅。

绘制超声波随入射波中心频率变化的能量衰减曲线和透射波峰值频率变化曲线，如图 3-10 所示。为直观显示混凝土对超声波频率的衰减作用，在图 3-10(b)中用百分比标注了透射波频率相较于入射波的衰减程度。

从图 3-10 中可以看出：(1) 频率越高，超声波幅值能量的衰减越多，对于 50 kHz 的入射波，在 A 类(大粒径骨料)混凝土和 B 类(小粒径骨料混凝土)中的幅值衰减相差不大，入射波频率为 100 kHz、150 kHz、200 kHz 时，模型 1 的衰减大于模型 2 的并且频率越高这种差距越大。(2) 透射波的峰值频率也存在明显衰减，并且入射波的频率越高，透射波峰值频率的衰减程度越大，模型 1 的衰减总体大于模型 2 的。

超声波无损检测要求信号要有足够的分辨率，以识别较小的缺陷，这就要求超声波要有较高的频率。同时要求信号要有足够的穿透力，以实现对结构内部缺陷的探测，而低频超声波受混凝土非均匀性的影响较小。通过模拟超声波在由不同粒径骨料组成的混凝土中的传播，定量研究了超声波的能量和峰值频率的衰减变化规律，研究结果表明：从分辨率和探测深度角度综合考虑，100 kHz 左右的超声波是最优选择。

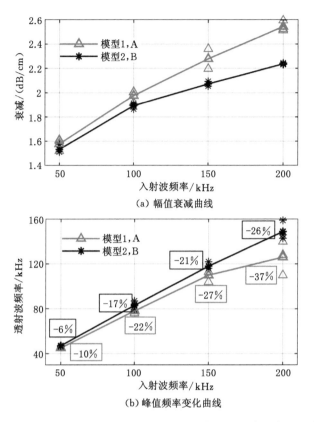

（a）幅值衰减曲线

（b）峰值频率变化曲线

图 3-10　不同粒径骨料混凝土中超声波的能量衰减和峰值频率变化曲线

3.4.2　混凝土中骨料含量对超声波场的影响

超声波的能量衰减主要来自散射衰减、几何扩散衰减、固有吸收衰减。其中，由于几何扩散衰减 α_g 本质上是波前在更大体积区域扩展导致能量再分配，同一种波型在相同尺寸、形状试件内传播时，对应的几何扩散衰减相同，在此不进行重点研究。混凝土中超声波的散射衰减 α_s 主要来自骨料的反射和多次散射，固有吸收衰减 α_i 主要是水泥砂浆材料的黏弹性引起的。这两种衰减的机制与混凝土细观结构和性质密切相关。测量的总衰减可以表示为：

$$\alpha = \alpha_s + \alpha_g + \alpha_i \tag{3-13}$$

骨料含量的增加或减少，对应水泥砂浆基质的减少或增加，因此在散射衰减变化的同时伴随着几何扩散衰减和固有吸收衰减的改变。K. Nakahata 研究中心频率为 400 kHz 的超声波，分别在骨料体积比为 10％、30％、50％的混凝土中传播时超声波的振幅衰减呈递增趋势，认为相比几何扩散和固有吸收，骨料的多次散射对超声波的衰减更加明显。密士文选用 200 kHz 的超声波,对比了在骨料体积含量分别为 0.3 和 0.75 的混凝土中的衰减,结果发现二者差别不大,分析认为骨料含量的增多虽然在一定程度上导致散射衰减增大,但是提高了超声波的传播速度,降低了几何扩散衰减,综合结果为骨料含量的变化对超声波能量的衰减的影响不大。朱自强通过比较均匀介质、水泥砂浆和混凝土介质对超声波能量的衰减,得出了混凝土的黏滞性是超声波能量衰减主因的结论。

为了深入研究骨料含量对超声波传播的影响,对比了不同频率的超声波在 B 类和 C 类混凝土中的能量和频率衰减特征,其中包含 C 类随机骨料模型的数值混凝土的设置,见表 3-2。模型 3 除随机骨料模型与表 3-1 中的模型 2 不同外,二者的其他属性参数均一致。

表 3-2   低骨料含量的混凝土数值模型

序号	随机骨料模型	水泥砂浆基质			骨料		
		密度/(kg/m³)	速度/(m/s)	品质因子	密度/(kg/m³)	速度/(m/s)	品质因子
3	C	2 073	4 320	40	2 760	6 217	255

同样,分别选用 50 kHz、100 kHz、150 kHz、200 kHz 的雷克子波作为入射波,模拟得到的时域波形图和频域振幅谱如图 3-11 所示。为了比较超声波在不同骨料含量的混凝土中的传播特征,将表 3-1 中模型 2 和表 3-2 中模型 3 的能量和频率衰减曲线绘制在一起,如图 3-12 所示。同样,为了定量比较超声波的能量衰减变化和透射波峰值频率变化,在图 3-12(b)中用百分比标注了透射波频率相较于入射波的衰减程度。

结果显示:相同频率条件下,与高骨料含量的混凝土相比,低骨料含量混凝土中超声波的能量和频率衰减更大,这与以往的研究结论不同。

减少骨料含量,同时伴随着水泥砂浆材料的相对增加,来自水泥砂浆的固有吸收衰减增强,因为骨料的衰减速度大于水泥砂浆的,因此骨料越少,混凝土对超声波的衰减速度越低,超声波几何扩散衰减增强。因此,为了定量研究分析,综合考虑散射衰减、几何扩散和固有吸收对超声波衰减的影响,又增设了弹性介质和均匀介质作为对照组,见表 3-3。其中,模型 4 和模型 6 分别为模型 2 和模型 3 的弹性介质对照组,这两组模型不考虑材料的品质因子,因此超声波在传播过程中不包含固有吸收作用,造成能量衰减的因素为散射衰减和几何扩散衰减。模型 5 和模型 7 分别为模型 2 和模型 3 的均匀介质对照组,属性设置为对应模型的宏观属性,因为水泥砂浆和骨料的参数相同,因此在超声波传播过程中可以视为均匀介质,仅包含几何扩散作用,因为 B 类混凝

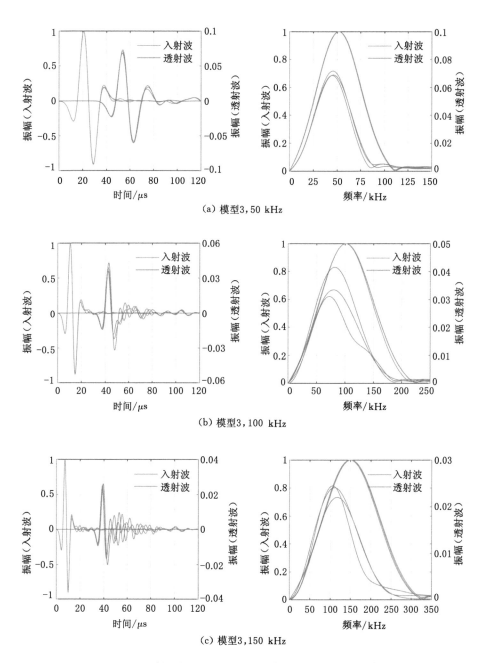

（a）模型3,50 kHz

（b）模型3,100 kHz

（c）模型3,150 kHz

图 3-11 低骨料含量混凝土的透射波波形及其振幅谱

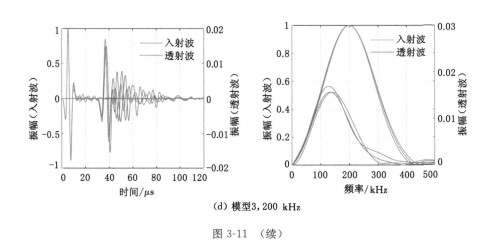

(d) 模型3，200 kHz

图 3-11　（续）

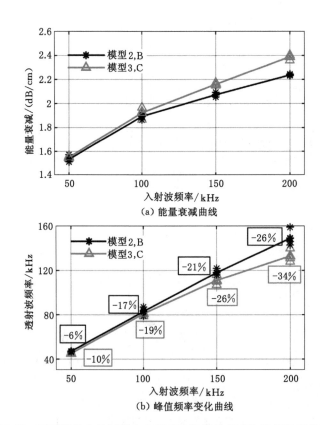

（a）能量衰减曲线

（b）峰值频率变化曲线

图 3-12　不同骨料含量混凝土中超声波的能量衰减和峰值频率变化曲线

土含有更多的骨料,因此模型 5 的声阻抗大于模型 7 的。其中,与黏弹性介质模型相对应,模型 4 和模型 6 各包含 3 组不同的随机骨料模型,而均匀介质的模型 5 和模型 7 各 1 组。

表 3-3　弹性介质模型和均匀介质模型

序号	随机骨料模型	水泥砂浆基质		骨料	
		密度/(kg/m³)	速度/(m/s)	密度/(kg/m³)	速度/(m/s)
4	B	2 073	4 320	2 760	6 217
5	B	2 458	5 357	2 458	5 357
6	C	2 073	4 320	2 760	6 217
7	C	2 368	5 000	2 368	5 000

绘制各个模型的透射波振幅谱,如图 3-13 所示。

按照式(3-12)计算超声波能量衰减并绘制曲线,如图 3-14 所示。

从图 3-14 中可以看出:相同频率的超声波,模型 5 和模型 7 的能量衰减基本一致,可见骨料含量不同而导致的速度差异对几何扩散衰减的影响不大。当频率为 50 kHz 和 100 kHz 时,模型 4 和模型 6 的平均能量衰减差别不大;当频率为 100 kHz 和 200 kHz 时,模型 6 的衰减要比模型 4 的分别高 0.1 dB/cm 和 0.2 dB/cm。

上文已经讨论,弹性模型 4 和弹性模型 6 未考虑介质的固有吸收作用,等效的均质模型 5 和均质模型 7 仅包含几何扩散作用,因此,可以将弹性模型和均质模型的总衰减做差估算模型 2 和模型 3 的散射衰减 α_s,将黏弹性模型和弹性模型的总衰减做差估算模型 2 和模型 3 的固有吸收衰减 α_i,见式(3-14)。

$$\begin{cases} \alpha_s \approx \alpha_弹 - \alpha_均 \\ \alpha_i \approx \alpha_黏 - \alpha_弹 \end{cases} \tag{3-14}$$

根据式(3-14)可以计算出模型 2 和模型 3 的散射衰减和固有吸收衰减曲线,如图 3-15 所示。

比较模型 2 和模型 3 中超声波的散射衰减、固有吸收和几何扩散衰减,可以发现骨料含量的变化主要影响的是散射衰减,并且低骨料含量的模型 3 的散射衰减大于模型 2 的。在混凝土中,骨料一般被认为是嵌入水泥砂浆基质中的非均质体,是造成超声散射的主要散射体,因此认为骨料越多,散射作用越强烈,造成的衰减越大。但是超声波在介质内部传播过程中,反射和散射发生在波阻抗不连续界面处,从而造成能量的耗散。混凝土内部的波阻抗分界面,主要是骨料和水泥砂浆的分界面,当骨料的含量较高时,混凝土内部的骨料密集堆积分布,

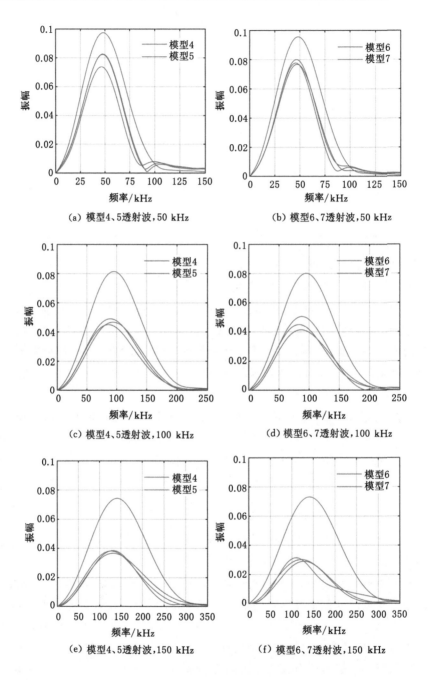

图 3-13　各个模型透射波的振幅谱

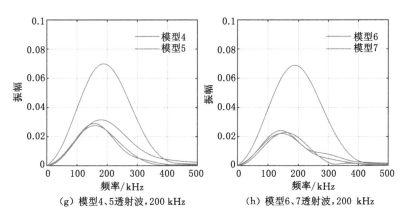

（g）模型4、5透射波，200 kHz　　　　（h）模型6、7透射波，200 kHz

图 3-13　（续）

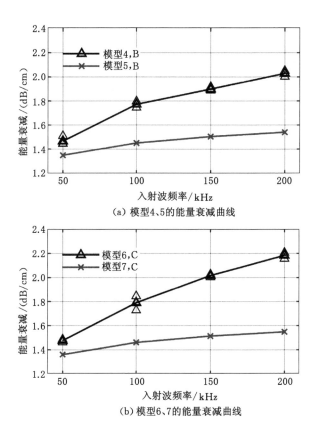

（a）模型4、5的能量衰减曲线

（b）模型6、7的能量衰减曲线

图 3-14　超声波在弹性介质和均匀介质中的能量衰减曲线

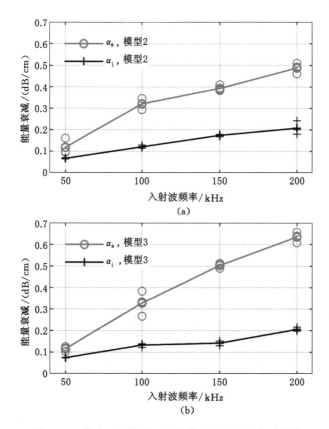

图 3-15 模型 2 和模型 3 的散射和固有吸收衰减曲线

水泥砂浆填充骨料之间的空隙,这种情况下超声波更多在骨料中传播,并且空隙的尺寸小于骨料的,因此对超声波的散射衰减作用弱于低骨料含量的混凝土的。结合前人的研究成果认为:当骨料的体积占比小于 0.5 时,超声波的能量衰减随着骨料含量的增加而增大;当骨料的体积占比大于 0.5 时,超声波的能量衰减随着骨料含量的增加而减小。

3.4.3 水泥砂浆波速对超声波场的影响

为了研究水泥砂浆波速对超声波传播的影响,另设置声波的速度为 3 800 m/s 的模型,具体参数设置见表 3-4。

表 3-4　数值混凝土的参数设置

序号	随机骨料模型	水泥砂浆基质			骨料		
		密度/(kg/m³)	波速/(m/s)	品质因子	密度/(kg/m³)	波速/(m/s)	品质因子
8	C	2 073	3 800	40	2 760	6 217	255

　　绘制入射波、透射波的时域波形图和频域振幅谱,如图 3-16 所示,对比图 3-11 可以发现:当水泥砂浆的波速 $v=3\ 800$ m/s 时,超声波的振幅小于 $v=4\ 320$ m/s 时的。

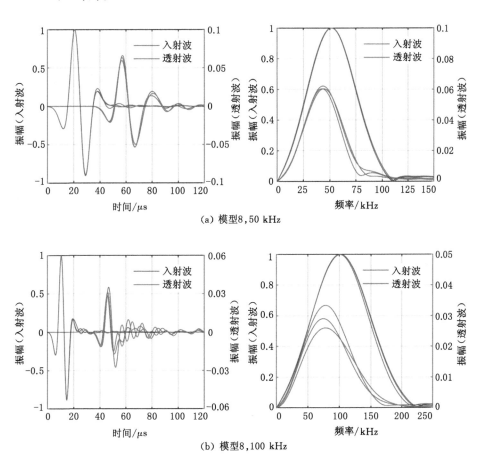

(a) 模型8,50 kHz

(b) 模型8,100 kHz

图 3-16　低波速混凝土的透射波波形及其振幅谱

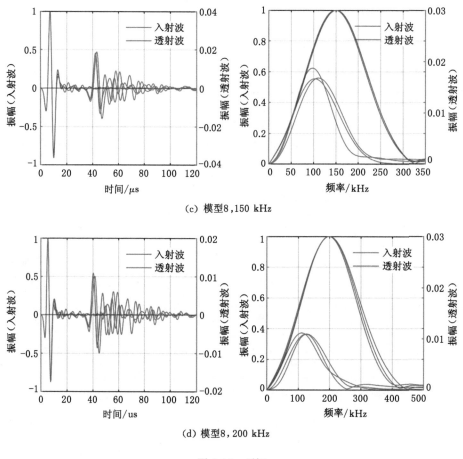

(c) 模型8，150 kHz

(d) 模型8，200 kHz

图 3-16 （续）

绘制超声波的能量衰减曲线和透射波的峰值频率变化曲线，如图 3-17 所示，相比模型 3，模型 8 有着更高的能量衰减和频率衰减。Aziz Asadollahi 在研究中发现：骨料的声阻抗越大，超声波的能量衰减越大。与之对照可以得出结论：水泥砂浆和骨料的声阻抗参数差异越大，超声波的能量衰减和频率衰减越大。

3.4.4 水泥砂浆品质因子对超声波场的影响

为了研究水泥砂浆的品质因子对超声波传播的影响，另设置水泥砂浆的品质因子 $Q=90$ 的模型，具体参数设置见表 3-5。

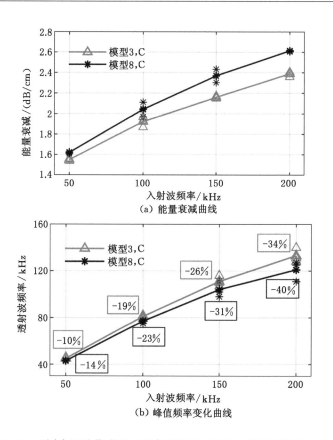

（a）能量衰减曲线

（b）峰值频率变化曲线

图 3-17　不同水泥砂浆波速下超声波的能量衰减和峰值频率变化曲线

表 3-5　混凝土数值模型的参数设置

序号	随机骨料模型	水泥砂浆基质			骨料		
		密度/(kg/m³)	波速/(m/s)	品质因子	密度/(kg/m³)	波速/(m/s)	品质因子
9	C	2 073	4 320	90	2 760	6 217	255

模拟结果如图 3-18 所示。

绘制超声波的能量衰减曲线和透射波的峰值频率变化曲线,如图 3-19 所示,相比模型 3,模型 9 的能量衰减要小一些,并且这种差别基本不随频率的变化而改变。

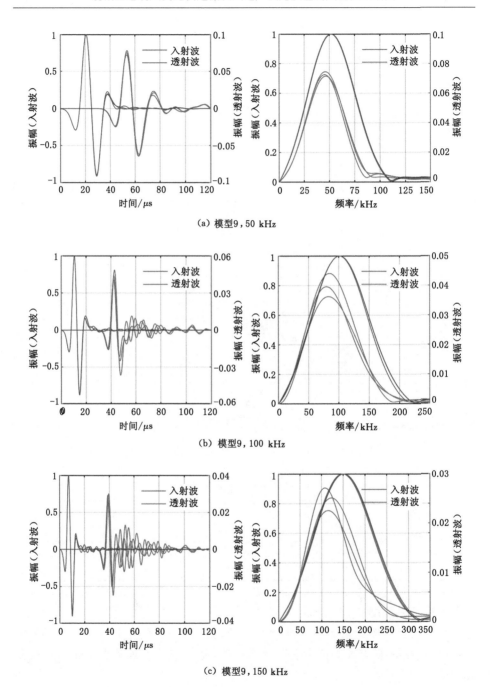

（a）模型9,50 kHz

（b）模型9,100 kHz

（c）模型9,150 kHz

图 3-18　低骨料含量混凝土的透射波波形及其振幅谱

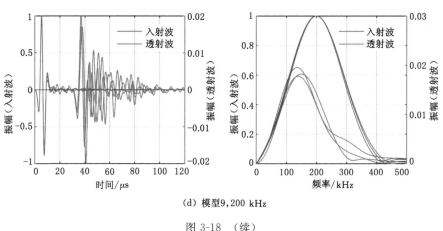

(d) 模型9, 200 kHz

图 3-18　（续）

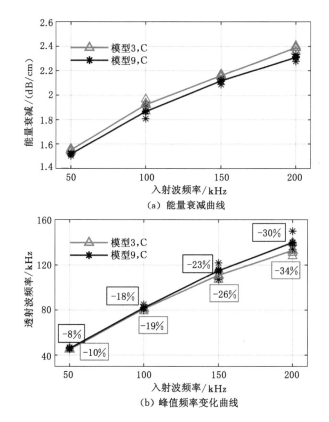

（a）能量衰减曲线

（b）峰值频率变化曲线

图 3-19　不同粒径骨料混凝土中超声波的能量衰减和峰值频率变化特征

3.5 本章小结

　　混凝土的随机非均匀性对超声波的传播有着复杂的影响,骨料的尺寸和含量影响超声波能量的散射衰减,不同配合比的水泥砂浆影响超声波在其中的传播速度和固有吸收衰减,而不同频率的超声波因波长不同,所受影响程度不同。本章围绕混凝土细观组分对超声波传播特征的影响展开研究,利用数字图像处理技术从混凝土截面图像中提取真实的骨料结构,引入 Kelvin-Voig 黏弹性模型用以表征材料的固有吸收作用,基于有限差分算法模拟了超声波在混凝土中的传播,定量计算了超声波传播特征,探讨了骨料粒径、骨料含量、水泥砂浆波速和品质因子对超声波衰减的影响规律,主要得到以下结论:

　　(1)混凝土骨料粒径是影响超声波衰减的重要因素,骨料粒径越大,超声波在传播过程中能量衰减越大,同时中心频率向低频方向偏移程度越大。

　　(2)骨料含量是影响超声波能量衰减的另一个因素。当骨料的体积比小于 0.5 时,超声波的能量衰减随骨料含量的增加而增大;当骨料的体积比大于 0.5 时,超声波的能量衰减随骨料含量的增加而减小。

　　(3)骨料和水泥砂浆的声阻抗差异是超声波发生散射现象的原因,通常水泥砂浆中的波速小于碎石骨料中的波速,因此水泥砂浆波速越大,超声波在混凝土中传播时的衰减越小,反之衰减越大。

　　骨料的散射作用对骨料粒径、骨料含量和材料的声阻抗属性敏感,并且频率越高,散射作用越强烈,而固有吸收作用仅与品质因子有关,随频率变化不大。对于中心频率为 50 kHz 的超声波,混凝土的散射衰减和固有吸收对超声波能量衰减的贡献相当,随着频率的升高,散射衰减随之明显增大,散射衰减可以视为主要的衰减机制。

4 基于混凝土内部结构参数的随机建模技术

　　裂隙发育情况、粗骨料含量、形状和级配等混凝土内部结构信息与混凝土结构力学性能和稳定性紧密相关。损伤程度往往与裂隙发育情况有关,一般而言混凝土结构的损伤越严重,其内部裂隙发育程度越高,因此,掌握混凝土内部结构信息对于混凝土结构风险评估来说至关重要。然而,裂隙的产生常常具有一定的随机性,裂隙产生之前的形状和位置很难准确预测,但是在同等破坏条件和破坏程度下,结构中的裂隙参数却具有一定的统计相似性,因此本章提出利用随机裂隙模拟混凝土材料中的损伤,结合粗骨料颗粒随机生成和投放,建立了混凝土中尺度随机模型,实现了对损伤破坏和混凝土浇筑过程中引起的内部结构天然非均质性、随机性的表征,进而更加真实、全面、系统地揭示混凝土材料的内部结构特征,为后续开展混凝土超声波检测信号响应研究提供模型。

4.1 混凝土中裂隙的随机建模技术

　　混凝土在浇筑过程中会产生大量原生缺陷,而在其服役过程中受到外界应力作用,这些随机分布的缺陷将不断发育,产生新的裂隙,从而影响混凝土性能。因此,裂隙对混凝土结构的影响不容忽视。混凝土中的裂隙具有形状不规则,大小、方向、空间位置不固定等特点,如图 4-1 所示。
　　由图 4-1 可以看出:在二维情况下,裂隙一般呈网络状出现,而单条裂隙的长度、开度、位置、方向等形状和位置参数表现出一定的随机性。在不失一般性的前提下,为了简化研究,裂隙可以使用平面上的一系列直线进行表征,这些简化直线与裂隙在平面上揭露的迹线重合。从上述简化结果不难看出长度、方向、空间位置等裂隙参数具有一定的随机性,使用确定的参数难以准确描述,研究表明:可通过对各参数进行统计,利用概率分布来描述,例如使用裂隙长度分布而不是用一个确定的长度来描述裂隙长度。然而,由于二维裂隙缺少三维空间信

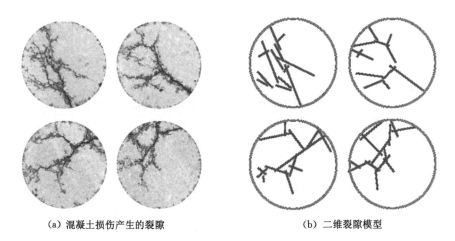

(a) 混凝土损伤产生的裂隙   (b) 二维裂隙模型

图 4-1　混凝土中的裂隙及二维随机裂隙模型

息,无法体现裂隙的形状、倾角等特征,因此需要开展三维裂隙建模。本节主要是在二维随机裂隙建模的基础上开展三维裂隙离散化建模研究。

4.1.1　离散裂隙网络

统计与随机是三维裂隙离散化建模遵循的两个基本原则,统计是以工程实际背景为基础展开的,而随机是建立在数学理论之上的。建模得到的离散裂隙网络(discrete fracture network,DFN)是研究裂隙岩体非常有用的工具,在岩石力学和岩土工程岩体稳定性分析和地热、石油、天然气、地下水领域的流体流动建模方面均备受关注。DFN 的随机原理及其灵活性和易于扩展的框架,且方法本身在数学和统计上都十分稳健,可确保从有限、稀疏且通常为多类型的数据集中获得最多的信息,裂隙岩体问题经常是这种情况。无论数据类型是什么,地表观测(扫描线、罗盘测量)、地下测井或深部地震事件记录,都可以在模拟的相应阶段对建模控制功能进行建立、校准、验证和改进等操作。DFN 框架是模块化结构,可以进行框架调整,最大限度地满足工程中的任何需求,同时保证每个阶段的合理性和可靠性。

根据这些原理,每条裂隙都是按照一些关键规则离散地构造出来的。例如,裂隙是扁平的,其形状是矩形、椭圆形或更复杂形式的凸多边形,其大小遵循已知的分布函数,比如负指数。类似的,其位置是通过诸如二维或三维均匀或泊松分布的空间函数获得的。可以将空间不均匀性应用于裂隙空间位置,以施加点的非平稳密度,方位信息可由均匀分布或 Fisher 分布提取。在已构建的裂隙网络模型中还可以开展进一步的分析,例如获得图 4-2 所示交叉类型、交叉长度等信息。

 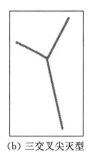  

　(a) 二交叉尖灭型　　(b) 三交叉尖灭型　　(c) 相交不切割型　　(d) 相交切割型

图 4-2　混凝土中的裂隙交叉类型

4.1.2　混凝土三维随机裂隙模型

在三维条件下,混凝土中的裂隙可以由一系列分布在预定体积内的薄片状对象表示,其形状、大小、方位、倾角及空间位置都由相应的概率分布函数给出,比如裂隙的形心服从均匀分布。基于这个假设,单一裂隙可以用一个平面对象代替,其形状定义为一个随机生成的非规则凸多边形,其长度定义为最长的对角线长度,用方位角和倾角来表示方位和方向信息,位置信息由形心坐标表示。一个凸多边形生成之后按照每个裂隙参数的概率分布函数的约束进行缩放、平移和旋转等变换可以得到所需的裂隙模型。由于在三维空间中进行缩放的计算量相比二维的要大得多,因此先在二维空间中生成凸多边形并按给定比例进行缩放,然后再将二维图形变换到三维进行剩下的步骤,这样可以节约计算时间。那么,可在 MATLAB 中按下列步骤构建裂隙网络模型。

首先,利用 rand 函数生成一个在(0,1)之间服从均匀分布的随机数,通过下列代码可以在二维空间中构建一个形状随机的四边形。

pts＝[rand－0.5, －0.5; 0.5, rand－0.5;
rand－0.5, 0.5; －0.5, rand－0.5];
pgon ＝ polyshape(pts);

利用 scale 函数按照给定的裂隙长度分布对所构建的四边形进行缩放,求出形心,并通过增加四边形顶点坐标的维度来将二维图像拓展到三维。

poly＝scale(pgon,scl);％将多边形缩放到给定长度,scl 为缩放因子
[xc,yc] ＝ centroid(poly);％计算形心
ptsnew＝[[0;0;0;0] poly.Vertices];％将二维多边形扩展到三维

然后，按照给定的位置信息、倾角、方位角进行平移和旋转等操作，这样就完成了单一裂隙的随机生成。

最后，根据给定的模型尺寸、裂隙数量、长度分布、方向信息等，按照上述步骤生成一系列裂隙，将所建立的随机裂隙组装在一起，并裁剪掉超出模型范围的部分，这就是随机裂隙网络的建立过程。

本书中裂隙长度遵循负指数分布，类似的，其空间位置、方位角、倾角等参数均通过均匀分布给出。设定实际情况下的裂隙特征可知倾角的取值范围为$[0, \pi/2)$，方位角的取值范围是$[0, \pi/2)$。

用 $x_{min}, x_{max}, y_{min}, y_{max}, z_{min}, z_{max}$ 所定义的正方体来定义模型大小。模型的边长 L、宽度 W、高度 H 都设定为 1。设定最大裂隙长度 $l_{max} = L/2$，因为裂隙长度大于模型边长的一半会造成混凝土模型力学性质不稳定，裂隙平均长度 $\tilde{l}$ 与模型边长 L 的比值用 γ_l 表示。将裂隙数量 n 从 100 条变到 400 条，同时改变裂隙长度的平均值 $\tilde{l}$。为了说明所考虑的随机裂隙网络的多样性，图 4-3 给出了 4 种裂隙长度分布、4 种裂隙数量共 16 种参数组合的随机裂隙模型。对于每个示例模型，长度分布和方向信息分别绘制在图 4-4 和图 4-5 中。

在裂隙岩体中，裂隙连通性在流体流动中起着重要的作用。在离散裂隙网络模型中，获取裂缝之间的交叉特征是正确评价裂隙连通性的关键。当使用平面多边形来近似三维裂隙时，裂缝相交会在三维空间内形成一条交线，可以使用交线总长度和交点总数来表征裂隙之间的联通情况，如图 4-6 所示。

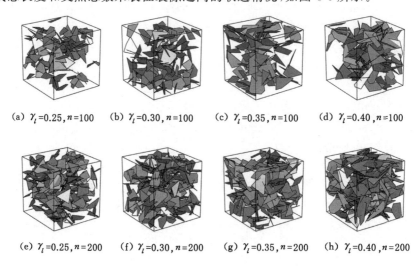

(a) $\gamma_l=0.25, n=100$　　(b) $\gamma_l=0.30, n=100$　　(c) $\gamma_l=0.35, n=100$　　(d) $\gamma_l=0.40, n=100$

(e) $\gamma_l=0.25, n=200$　　(f) $\gamma_l=0.30, n=200$　　(g) $\gamma_l=0.35, n=200$　　(h) $\gamma_l=0.40, n=200$

图 4-3　16 种不同裂隙参数组合的三维裂隙模型

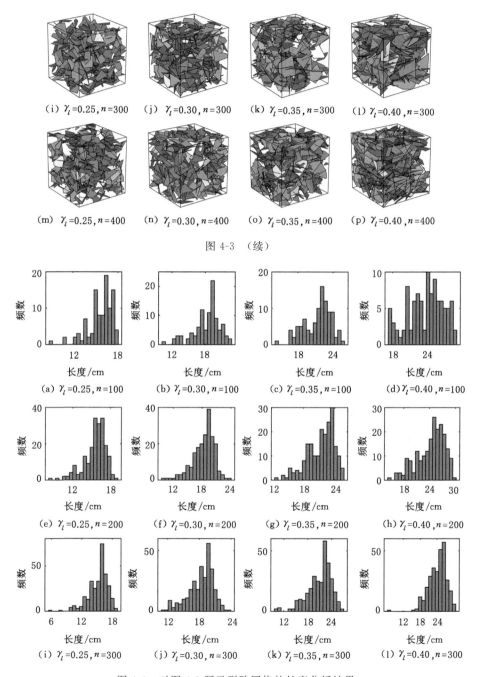

（i）$\gamma_l=0.25, n=300$　（j）$\gamma_l=0.30, n=300$　（k）$\gamma_l=0.35, n=300$　（l）$\gamma_l=0.40, n=300$

（m）$\gamma_l=0.25, n=400$　（n）$\gamma_l=0.30, n=400$　（o）$\gamma_l=0.35, n=400$　（p）$\gamma_l=0.40, n=400$

图 4-3　（续）

（a）$\gamma_l=0.25, n=100$　（b）$\gamma_l=0.30, n=100$　（c）$\gamma_l=0.35, n=100$　（d）$\gamma_l=0.40, n=100$

（e）$\gamma_l=0.25, n=200$　（f）$\gamma_l=0.30, n=200$　（g）$\gamma_l=0.35, n=200$　（h）$\gamma_l=0.40, n=200$

（i）$\gamma_l=0.25, n=300$　（j）$\gamma_l=0.30, n=300$　（k）$\gamma_l=0.35, n=300$　（l）$\gamma_l=0.40, n=300$

图 4-4　对图 4-3 所示裂隙网络的长度分析结果

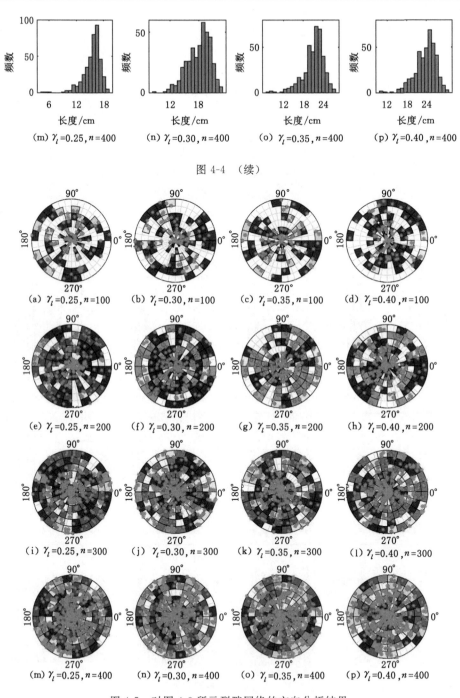

(m) $\gamma_l=0.25, n=400$ (n) $\gamma_l=0.30, n=400$ (o) $\gamma_l=0.35, n=400$ (p) $\gamma_l=0.40, n=400$

图 4-4 （续）

(a) $\gamma_l=0.25, n=100$ (b) $\gamma_l=0.30, n=100$ (c) $\gamma_l=0.35, n=100$ (d) $\gamma_l=0.40, n=100$

(e) $\gamma_l=0.25, n=200$ (f) $\gamma_l=0.30, n=200$ (g) $\gamma_l=0.35, n=200$ (h) $\gamma_l=0.40, n=200$

(i) $\gamma_l=0.25, n=300$ (j) $\gamma_l=0.30, n=300$ (k) $\gamma_l=0.35, n=300$ (l) $\gamma_l=0.40, n=300$

(m) $\gamma_l=0.25, n=400$ (n) $\gamma_l=0.30, n=400$ (o) $\gamma_l=0.35, n=400$ (p) $\gamma_l=0.40, n=400$

图 4-5 对图 4-3 所示裂隙网络的方向分析结果

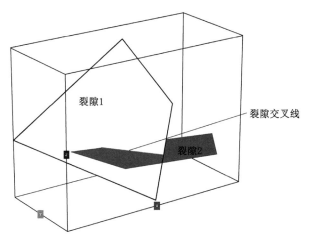

图 4-6 三维空间中两条裂隙的交叉

4.2 粗骨料建模技术

在细观尺度层面,混凝土可以看作由粗骨料、砂浆构成。经典的"取-投"策略可用于获取混凝土的细观尺度结构。"取"的过程是通过给定大小和形状参数随机生成单个骨料(多面体)。而"投"的过程是将骨料投放到预先定义的三维模型空间中,满足了几何约束,包括骨料之间不能镶嵌和不能超过模型边界。整个过程都需要遵循随机原则,既要保证骨料生成过程随机,也要保证投放过程随机。

4.2.1 粗骨料粒径分布

在普通混凝土中,粗骨料被定义为粒径大于 4.75 mm 的颗粒,占混合料体积的 40%～50%。骨料的粒度分布可以通过级配来确定,级配是决定骨料含量的一个关键因素,通常用可以通过一系列不同孔径筛子的累计百分比表示。富勒和汤普森提出的富勒-汤普森理想级配曲线(图 4-7)可以描述一种最常用和最广泛接受的骨料分布,其公式为:

$$P(d) = 100 \left(\frac{d}{d_{\max}} \right)^{n'} \tag{4-1}$$

式中,d 为筛子的孔径;$P(d)$ 为能通过孔径 d 的筛子的骨料体积累计百分数;$d_{\max}$ 为骨料颗粒的最大直径;n' 为常数参数,通常介于 0.45～0.70 之间。

在混凝土配合比中,粗骨料通常用质量表示。因此,建模过程中粗骨料的空

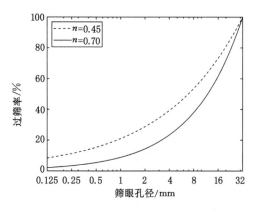

图 4-7　富勒-汤普森理想级配曲线

间占比在二维和三维情况下分别为面积比和体积比,可以通过混凝土每单位体积粗骨料质量除以骨料密度得到。

二维情况下,在级配段(d_s,d_{s+1})内的骨料所占面积可以用下式计算[133]:

$$A_{agg}[d_s,d_{s+1}] = \frac{P(d_{s+1})-P(d_s)}{P(d_{max})-P(d_{min})} \cdot A_{agg} \cdot A_{con} \tag{4-2}$$

式中,$A_{agg}[d_s,d_{s+1}]$为在级配段$[d_s,d_{s+1}]$内的骨料的面积;d_{max}为骨料颗粒的最大直径;d_{min}为骨料颗粒的最小直径;$P(d_s)$和$P(d_{s+1})$可通过式(4-1)计算;A_{agg}为粗骨料在混凝土中的面积比;A_{agg}为混凝土的总面积。

对于三维情况,式(4-2)可写成:

$$V_{agg}[d_s,d_{s+1}] = \frac{P(d_{s+1})-P(d_s)}{P(d_{max})-P(d_{min})} \cdot V_{agg} \cdot V_{con} \tag{4-3}$$

式中,$V_{agg}[d_s,d_{s+1}]$为级配段$[d_s,d_{s+1}]$内的骨料的体积;V_{con}为混凝土的总体积;V_{agg}为骨料所占体积比。

$$V_{agg} = \frac{w_{agg}}{\rho_{agg}V_{com}} \tag{4-4}$$

式中,w_{agg}为骨料质量;ρ_{agg}为骨料密度。

这里所考虑的混凝土的基本参考情况是粗骨料大小。粗骨料粒径设置为5～18 mm。为了建立不同粒径的混凝土模型,通过调整粒径的最大值和最小值,将骨料平均粒径分别设置为 11.03 mm、8.83 mm、7.85 mm、7.04 mm。同时,将粗骨料体积比设置为 45%。

应注意的是,建模过程对骨料大小范围或其分布没有限制,本书所考虑的4 个平均粒径(如 11.03 mm),单个骨料的尺寸仍然在最小值和最大值区间内的级配曲线上随机取值。

4.2.2 单一骨料颗粒生成

在实际混凝土试件中,骨料的形状和表面纹理可近似为圆形、角形或多面体。高度不规则的颗粒也有薄片状和细长形状。在本研究中考虑了多面体形状的骨料颗粒。其他特殊形状(如圆形或椭球形)的生成相对简单,也可以用具有特定形状参数的多面体近似。

传统的描述砂砾骨料形状的数学方法是基于形态学分析。二维中,可以将每个颗粒的边界轮廓转化为极坐标来表征碎石骨料的形状,因此,骨料的轨迹可以用极坐标半径表示为极坐标角的傅立叶级数(即谐波函数),这种形状表征方法计算比较烦琐,因此提出用球形度来表征骨料形状。为了提高非规则形状骨料颗粒生成的效率,本书首次提出了球体随机取点构建凸包的骨料颗粒生成方法。

在三维笛卡儿坐标系(图 4-8)下,对于球心在原点的半径为 R 的球体,球体内和球面上的点的坐标为:

$$\begin{cases} x_p = r\sin\theta\cos\varphi \\ y_p = r\sin\theta\sin\varphi \\ z_p = r\cos\theta \end{cases} \tag{4-5}$$

式中,x_p,y_p,z_p 为所取点的 3 个坐标值;r 为该点到球心的距离,$0 \leqslant r \leqslant R$;$\theta$,$\varphi$ 为该点到球心的连线与 Z 轴和 xOy 平面之间的夹角,$0 \leqslant \theta \leqslant 2\pi$。

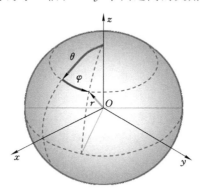

图 4-8 三维笛卡儿坐标系下球体范围内的点的空间示意图

利用 MATLAB 内置的 rand 函数可以在约束范围内随机生成$(r, \theta\rho)$,由式(4-5)可以计算得到球体随机点的坐标。通过生成不同数量的球体随机点可构建不同形状的凸包,图 4-9 展示了球体随机取点构建凸包生成粗骨料颗粒的步骤。所取的随机点既有球体内部的,也有球面上的,图 4-9 中的随机

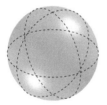
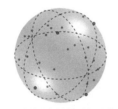

（a）球体　　　　（b）球体范围内的随机点集　　　（c）随机点集的凸包　　　（d）骨料颗粒

图 4-9　单个混凝土骨料颗粒随机生成过程

点用一大一小的实心圆点表示，大圆点表示球面上的点，小圆点表示球体内部的点。由于所有的点都是随机产生的，因此球面点与球体内的点数量都是不固定的，二者均是在程序运行时随机确定的。不难看出，即便设置了相同的参数，每次运行程序所得到的骨料颗粒形状一般是不相同的，但是这些颗粒形状的几何性质差异不会太大。

当随机点数量被改变，相应的骨料颗粒的几何形状也发生改变。图 4-10 展示了 20 个和 200 个随机点所对应的骨料颗粒形状，可以发现所取的点数越多，得到的骨料颗粒就越趋近球体。

为了进一步探索随机点数量与骨料颗粒形状的关系，提出以球形度作为骨料颗粒的形状参数。球形度见 ψ 定义为与给定颗粒具有相同体积的球体的表面积与颗粒表面积之比，可以写为：

$$\psi = \frac{\pi^{\frac{1}{3}} (6V_{\mathrm{p}})^{\frac{2}{3}}}{A_{\mathrm{p}}} \tag{4-6}$$

式中，V_{p} 为骨料颗粒的体积；A_{p} 为骨料颗粒的表面积。

由式（4-6）可知：球体的球形度等于 1.0，而非球形颗粒的球形度小于 1.0。图 4-11 展示了随机点数与骨料颗粒球形的关系，可以看出：随着随机点数的增加，球形度越来越大，所生成的骨料颗粒就越接近球体，当随机点数取 4^6 时，颗粒形状已经非常接近球体了。此外，当所取随机点数较少时，球形度的变化范围较大，所生成的骨料颗粒的形状变化范围较大。

骨料颗粒大小可以通过定义一个缩放因子来控制，通过设置随机点数和缩放因子可以生成不同尺寸和球形度的骨料颗粒。图 4-12 展示了相同球形度不同粒径、相同粒径不同球形度的骨料颗粒。

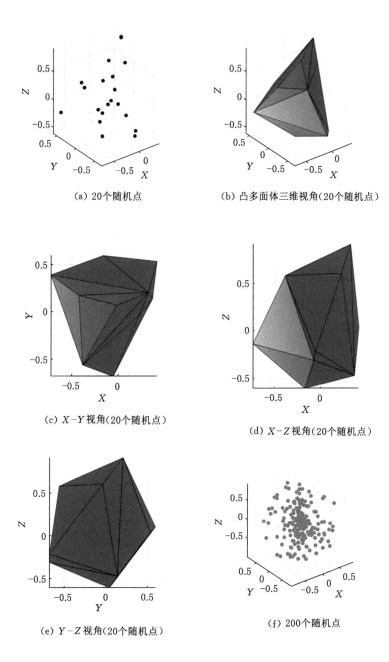

(a) 20个随机点

(b) 凸多面体三维视角(20个随机点)

(c) X-Y视角(20个随机点)

(d) X-Z视角(20个随机点)

(e) Y-Z视角(20个随机点)

(f) 200个随机点

图 4-10 不同数量的随机点获得的凸多面体

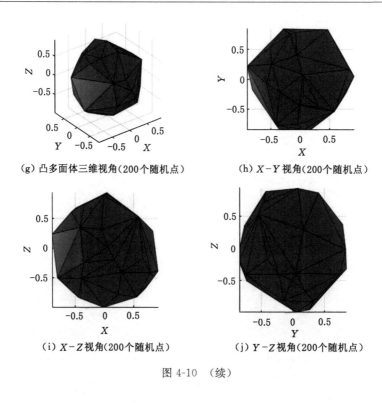

（g）凸多面体三维视角（200个随机点）　　　（h）$X-Y$视角（200个随机点）

（i）$X-Z$视角（200个随机点）　　　（j）$Y-Z$视角（200个随机点）

图 4-10　（续）

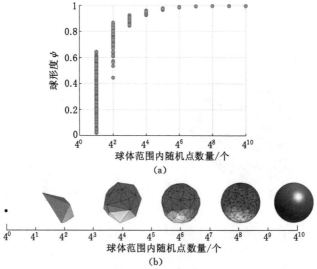

（a）

（b）

图 4-11　球形度与随机点数量的对应关系图以及随机点数量相对应的颗粒展示

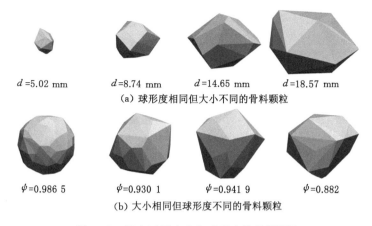

d =5.02 mm d =8.74 mm d =14.65 mm d =18.57 mm

(a) 球形度相同但大小不同的骨料颗粒

ψ =0.986 5 ψ =0.930 1 ψ =0.941 9 ψ =0.882

(b) 大小相同但球形度不同的骨料颗粒

图 4-12   具有不同大小和球形度的骨料颗粒

4.3   粗骨料随机组装

生成单个骨料颗粒之后,在规定的物理约束下执行"组装"过程以随机方式将骨料颗粒投放至预定的模型空间中。组装原则应该满足两个明显条件:首先,整个多面体应完全在混凝土试样的边界范围内。通过约束已用于形成多边形顶点的所有随机点都在定义空间的边界内,可以相对容易确保这一点。其次,正在投放的骨料颗粒不能与任何现有(已投放进模型容器中)的骨料颗粒有镶嵌行为。传统组装过程中最重要且最耗时的步骤是从几何角度检查两个多面体之间的镶嵌。针对传统方法耗时太多的问题,创新性地提出了在Unity3D中实现骨料组装,组装过程中将骨料颗粒设置为刚体,在重力场的作用下使骨料颗粒随机地从一定高度投放到预定义的模型容器中,实现骨料组装效率的有效提升。

4.3.1   基于离散元骨料颗粒组装

基于离散元(DEM)的动力学方法能够模拟包括不规则形状离散对象之间相互作用,是一种强大的数值仿真手段,可用于重力场作用下的非规则形状骨料颗粒组装。该方法对单个颗粒碰撞进行建模,其中每个颗粒碰撞必须满足线性和角动量守恒定律。DEM 中有三个基本要素:接触检测、接触分辨率和时步积分(time-step integration)。在本研究中,使用 PhysX 求解器,在 Unity3D 开发平台上实现了在重力作用下对非规则颗粒的碰撞进行模拟仿真。Unity3D 中的PhysX 求解器是为了实时物理计算而设计的,因此,需要在计算效率、灵活性和准确性之间进行权衡。值得注意的是，如果使用少量的求解器迭代，则当前的求解器在处理高角速度或具有非常高的质量比的旋转碰撞时将不准确。其他的求解器，如 LIGGHTS 和 ChronoEngine 求解器，则更注重精度而非效率或灵活性。实时物理求解器的优点在科学界得到认可，并被用于与地球科学相关的特定场景，这些场景需要效率而不是极高的精度。对于粗骨料颗粒，通常必须模拟具有随机变化的多个级配颗粒，以得出有意义的统计相关性。对于这样的应用，实时物理求解器 PhysX 是非常有效的。

碰撞检测是组装过程中的一个关键步骤。在 PhysX 求解器中，碰撞检测分为两个阶段。第一阶段是通过参考轴向对齐的边界盒逼近颗粒的形状，并检测重叠盒。实现此目的的算法有扫描、修剪和多框修剪[134]。第二个阶段是在第一个阶段的基础上对具体的接触点和镶嵌深度进行确定。通过对不同颗粒进行分组来使问题并行化是另一种实现减少处理时间的改进方法。分组会导致求解方案出现略微差异，因为分组可能会由于模拟中的颗粒数量不同而不同。为了改善对快速移动物体的碰撞检测，通过连续的碰撞检测预测可能发生的碰撞，并将预测信息传递给数值积分器的方法来提高检测效率和精度。

粗骨料组装过程需要实时更新颗粒的位置和速度。颗粒的速度是沿着接触法线计算的，颗粒碰撞时它们的相对速度为 0 而冲量不为 0，并将碰撞位置转换为刚体坐标，然后将计算得到的冲量用于刚体速度的计算，并用这个新计算出来的速度更新颗粒的位置。

M. Barboteu 等[135]已经描述了刚体接触模型和离散化。假设有 n 个刚体，它们的位置信息可以表示为 $x \in \mathbb{R}^{6n}$，这里的外力是指重力 $f_e \in \mathbb{R}^{6n}$，以及质量 $M \in \mathbb{R}^{6n}$。碰撞检测识别出刚体之间的 m 个接触点，用接触约束 $\phi(x) \geqslant 0$ 表示，其中 $\phi(x)$ 是位置矢量的连续可微函数，因此将雅可比矩阵 ($J \in \mathbb{R}^{m \times 6n}$) 定义为 $\partial \phi / \partial x$。系统中要求解的基本方程是在 Signorini 条件下的牛顿第二运动定律，即式(4-6)，式中冲量 ($\lambda \in \mathbb{R}^m$) 被定义为动量的变化。可以看出每颗骨料的未知数和方程都为 6 个。Signorini 速度 ($v \in \mathbb{R}^{6n}$) 条件[136]表明冲量必须为正 (即 $J v \geqslant 0$)，且速度必须要消除任何系统贯穿 (即 $J v \geqslant 0$) 才有意义，并且只有在接触点未分开时 ($\lambda \geqslant 0 \perp J v \geqslant 0$) 才对接触点施加冲量。

$$M\ddot{x} = J^{\mathrm{T}}\lambda + f_e \tag{4-7}$$

对于方程式(4-7)，可以采用时间步长 h 的半隐式步进格式离散得到方程式(4-8)。

$$M(v_{\mathrm{new}} - v_{\mathrm{old}}) = hJ^{\mathrm{T}}\lambda + hf_e \tag{4-8}$$

Signorini 条件使得上述离散方程可作为线性互补问题(linear complementary problem, LCP)进行求解[137]，利用式(4-9)至式(4-11)可以计算得到未知冲量(λ)。

$$q = J(v_{old} + hM^{-1}f_e) \tag{4-9}$$

$$N = JM^{-1}J^{T} \tag{4-10}$$

$$\lambda = \text{LCP}(N, q) \tag{4-11}$$

将结果代入式(4-12)和式(4-13)计算更新后的新速度(v_{new})和位置(x_{new})：

$$v_{new} = v_{old} + hM^{-1}J^{T}\lambda + hM^{-1}f_e \tag{4-12}$$

$$x_{new} = x_{old} + hx_{new} \tag{4-13}$$

颗粒之间的摩擦是利用近似库仑摩擦模型实现的[138]。在考虑有摩擦力的条件下，LCP 被盒装 LCP 代替。该模型假定切向力和切向速度方向相反，在每个接触点处求解摩擦力。由于该模型是基于点力计算的，因此不适用于两个物体之间存在大量接触点的情况。例如，当接触点是一个表面时，但是对于非规则骨料颗粒，出现面接触的概率很小，故该方法可行。

骨料颗粒在碰撞之后需要定义碰撞恢复系数(coefficient of restitution, COR)($0 \leqslant \text{COR} \leqslant 1$)用来表示碰撞前、后的速度之比，代表每次碰撞过程中动能的损失，用来表征骨料颗粒的非弹性碰撞。

此外，一个粗骨料颗粒系统通常包含大量的单个颗粒，对整个系统直接积分的计算量是非常庞大的。基于 DEM 的模型积分和碰撞检测算法的实现需要注意保持系统的数值稳定。一个不稳定的积分器将导致颗粒的位置信息不稳定，迫使使用非常小的时间步长从而导致计算成本较高。而 PhysX 使用同一种迭代方案来解决多个触点上的动量守恒方程，这是通过在时间步上依次求解接触对，并在过程中进行多次循环直至收敛而完成的。为了获得合理的渲染结果，所需迭代次数通常不少于 10 次。稳定的积分器可以使用大的时间步长并保证精度，与显式有条件收敛方案相反，半隐式欧拉积分器能够保证收敛性。

4.3.2 粗骨料随机组装参数设置

在重力作用下，将预先定义好的骨料颗粒随机投入模型容器，模型尺寸为 60 mm×60 mm×60 mm。骨料颗粒组装是由各个颗粒按顺序投放到模型容器中堆积而成的，每一次投放的颗粒都是随机选取的，每个颗粒具有预先设定的形状、刚体的物理性质（如密度、摩擦和恢复系数）和规定的粒径（图 4-13）。颗粒的投放高度设置为 60 mm。粒径由级配曲线决定，在下面展示骨料组装过程的例子中，使用的是 $n = 0.45$ 的标准富勒曲线；颗粒的形状可以根据需求设置不同的球形度，这里预期的球形度为 0.93，即球体随机取点个数为 64，骨料颗粒数量设置为 400。

本书关注的是骨料颗粒的粒径和球形度对超声波的响应特征，因此需要建

图 4-13　混凝土骨料随机组装过程

立不同粒径和球形度组合的混凝土模型。一个混凝土样本包含了许多骨料颗粒,为了确定骨料的球形度,首先需要测量每个颗粒的形状参数。在对所有颗粒的球形度进行计算后,如何计算混凝土样本粗骨料球形度的平均值是一个问题。目前有两种计算该平均值的方法。第一种是计算所有骨料颗粒球形度的算术平均值,称为算术平均法,如式(4-14)所示。

$$\psi = \frac{1}{n}\sum_{i=1}^{n}\psi_i \tag{4-14}$$

式中,$\bar{\psi}$,ψ_i 为平均球形度和骨料 i 的球形度;n 为骨料总数。

　　从式(4-14)可以看出:计算过程中每个骨料颗粒的球形度都被赋予相等的权重,而忽略了颗粒在样本中所占的体积。然而,实际情况下由于较大的骨料通常对混凝土的总体性能有较大影响,同时对超声波的传播影响也比较小粒径的骨料的大,因此更好地表征粗骨料平均球形度的方法是将骨料的粒径考虑进去,使用加权平均值代表平均球形度,见式(4-15)。

$$\psi = \frac{\sum_{i=1}^{n}d_i\psi_i}{\sum_{i=1}^{n}d_i} \tag{4-15}$$

式中,d_i 为骨料 i 的粒径。

　　骨料的粒径定义为颗粒的最大外接球直径,选择粒径而不是体积作为计算平均球形度的加权是因为超声波传播过程中通常受异常体尺寸的影响大于异常体的体积的影响。

　　图 4-14 展示了 16 种不同粒径分布和球形度组合的粗骨料组装模型。在图 4-14 中,骨料的平均粒径 d 是从上到下依次减小的,而骨料的球形度是从左到右依次减小的。

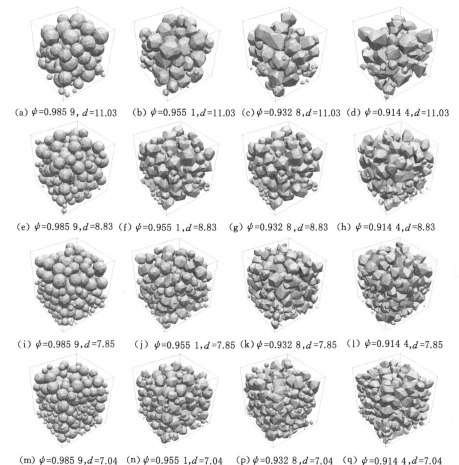

(a) $\psi=0.985\,9$, $d=11.03$ (b) $\psi=0.955\,1$, $d=11.03$ (c) $\psi=0.932\,8$, $d=11.03$ (d) $\psi=0.914\,4$, $d=11.03$

(e) $\psi=0.985\,9$, $d=8.83$ (f) $\psi=0.955\,1$, $d=8.83$ (g) $\psi=0.932\,8$, $d=8.83$ (h) $\psi=0.914\,4$, $d=8.83$

(i) $\psi=0.985\,9$, $d=7.85$ (j) $\psi=0.955\,1$, $d=7.85$ (k) $\psi=0.932\,8$, $d=7.85$ (l) $\psi=0.914\,4$, $d=7.85$

(m) $\psi=0.985\,9$, $d=7.04$ (n) $\psi=0.955\,1$, $d=7.04$ (p) $\psi=0.932\,8$, $d=7.04$ (q) $\psi=0.914\,4$, $d=7.04$

图 4-14　不同粒径分布和球形度的三维随机包装骨料集

　　针对混凝土中的损伤裂隙和粗骨料开展随机细观尺度建模方法研究,实现了三维随机裂隙建模、非球形粗骨料随机生成与随机组装。本章节的主要工作如下:

　　(1)结合概率统计思路和裂隙建模方法实现了对混凝土中裂隙的三维随机建模,利用概率分布函数代替传统的定值来约束裂隙,裂隙数量、长度、空间位置和方向信息等参数都是不确定的,但是它们的概率分布函数是确定的。随机建模过程是将损伤裂隙离散成三维空间中的多个单一多边形,多边形的几何形状、方向信息和位置均由给定的概率分布函数决定,建立了三维随机裂隙模型,随机裂隙的引入能更加切合实际地表征混凝土的损伤。

（2）提出球体随机取点构建凸包生成非球形骨料颗粒的方法，实现了不同球形度骨料颗粒的随机生成，分析了随机取点的个数与球形度的关系，得到了随机点数越多骨料颗粒的球形度越高的规律，且球形度的误差变化范围随着所取点数增加而减小，即点数越多，对颗粒形状的约束越强，该结论对粗骨料建模中骨料颗粒形状的控制具有约束作用。

（3）在骨料随机投放过程中创新性地将骨料颗粒设置为刚体，同时引入重力场，使骨料颗粒从一定高度落到预置的模型容器中，避免了传统骨料投放方法的过程中需要进行几何镶嵌判断和骨料颗粒的旋转，极大地提高了混凝土建模效率，还提高了粗骨料的堆积密度。

5 混凝土细观离散随机骨料结构重建技术研究

　　混凝土是一种典型的离散随机介质,其内部是水泥砂浆包裹骨料构成的颗粒结构,骨料的几何尺寸不一、形状各异,在空间上具有明显的随机分布特征;骨料同水泥砂浆材料的物理特性差异很大,混凝土的力学、热学、电学等特性随着各组成材料的分布展现出强烈的随机性。系统开展相关试验研究往往需要制作大量的试样,作为试验观测的补充,可靠的离散型随机骨料结构重建模型,可以为表征随机介质物理和力学性质提供一种有效且经济的方法。混凝土的随机骨料结构,对颗粒粒径有级配要求,混凝土的体积大,颗粒含量多,要求重建算法有很高的重建效率。为此,本章首先基于数字图像技术,从统计学角度对混凝土的细观随机特征进行了描述;然后,结合随机过程理论和随机介质优化重建方法,以混凝土的二维切片为样本,给出了混凝土三维随机骨料模型的建模算法和流程;最后,完成了不同骨料粒径、含量和大小的数值混凝土的重建,并讨论了算法的效率。

5.1 混凝土切片样本基本特征

　　混凝土内部的随机结构特征主要为骨料的几何形体不一、形状各异和含量不同。这里取第 3 章中制作的混凝土试样为样本,仍采用切片取样处理。对切面进行拍照并预处理,得到清晰的骨料图像特征。从较大粒径骨料组成的混凝土切片图中可以清晰观察到骨料的空间分布,图中玄武岩骨料的颜色偏暗黑色,而水泥砂浆基质的颜色偏白色,由于单个骨料的尺寸比较大,所以骨料的数量相对较少。

　　而从较小粒径骨料组成的混凝土切片图可以观察到骨料的尺寸明显变小,形状、大小仍然不规则,在空间中随机分布,因为浇筑时小骨料的掺量与大骨料的大致相同,因此小骨料的数量相对较多。

5.2 灰度随机场的统计参量

随着硬件和软件的发展,数字图像处理技术已经成为一种多尺度精确测量随机介质中非均质体的形态和空间分布的创新方法。数字图像由一系列离散像素点构成,在每个像素点图像的亮度被感知后被分配一个称为灰度值的整数值。因此,目标的数字图像可以视为在空间中随机分布的灰度值的函数,可以用离散函数[二维 $f(i,j)$,三维 $f(i,j,k)$]来表示:

$$f(i,j) = \begin{bmatrix} f(1,1) & f(1,2) & \cdots & f(1,m) \\ f(2,1) & f(2,2) & \cdots & f(2,m) \\ \vdots & \vdots & & \vdots \\ f(n,1) & f(n,2) & \cdots & f(n,m) \end{bmatrix} \tag{5-1}$$

混凝土在空间中随机分布的物性参数尚不能用数学表达式准确表示或者预测,但是可以借助数字图像技术从统计学角度对空间中的分布特征进行描述。图 5-1 为混凝土切片的 CT 扫描图像,不同于数码相机拍摄的数字图像,CT 扫描图是通过重建介质对 X 射线吸收系数获得的,理论上对不同物理属性介质的分辨能力更强,且不受光照环境的影响,虽然不同于用数码相机拍摄的数字图像,但依然可以观察到混凝土内部的骨料和水泥基质表现出不同的亮度。其中骨料相对较亮,而周围的水泥基质要暗一些,即骨料的灰度值更大,而水泥砂浆基质对应的灰度值较小。沿图 5-1(a)中直线绘制一维灰度变化曲线,如图 5-1(b)所示,虽然灰度变化曲线在细节上存在波动,但是整体上呈现分段分布,基于此可以应用阈值分割技术实现骨料和水泥砂浆的分离,进而统计骨料的体积和粒径分布等特征。将在空间中随机分布的灰度值视为一个随机变量,灰度值在空间中的分布模拟为一个随机场,假设这个随机场是平稳的和各态历经

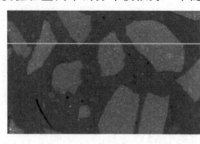

(a) 混凝土切片灰度图像

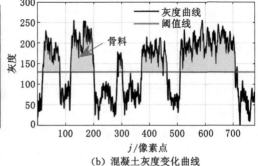

(b) 混凝土灰度变化曲线

图 5-1　骨料和水泥砂浆的灰度值分布

性的,其统计量不随空间位置的改变而变化,由少量样本就可以估算随机场的统计特征。灰度的平均值可以按照式(5-2)计算。

$$\bar{f} = \frac{1}{M \times N} \sum_{i=1}^{M} \sum_{j=1}^{N} f_{ij} \tag{5-2}$$

灰度的平均值描述了在空间中的平均特性,介质在细观上的非均匀性需要用均方差和自相关函数等二阶统计量来表征。方差 S^2 度量了灰度分布的"粗糙"程度,可以用式(5-3)表示。

$$S^2 = \frac{1}{M \cdot N} \sum_{i=1}^{M} \sum_{j=1}^{N} (f_{ij} - \bar{f})^2 \tag{5-3}$$

自相关函数是描述随机介质结构特征的重要参数,表征了不同位置处两点灰度值的相关程度和内在联系,广义的自相关函数可以表示为:

$$R(x,y) = \lim_{\substack{L_1 \to \infty \\ L_2 \to \infty}} \frac{1}{4L_1 L_2} \int_{-L_1}^{L_1} \int_{-L_2}^{L_2} f(x_1,y_1) f(x_1+x, y_1+y) dx_1 dy_1 \tag{5-4}$$

根据维纳-辛钦定理可知:随机过程的自相关函数和功率谱密度函数互为傅立叶变换对,而灰度的峰值、峰值在空间中的分布密度和平均梯度等统计参数均与功率谱密度有关。功率谱密度函数为:

$$\Phi(k_x, k_y) = \frac{1}{4\pi^2} \int_{-\infty}^{\infty} \int_{-\infty}^{\infty} R(x,y) \exp[-\mathrm{i}(xk_x + yk_y)] dx dy \tag{5-5}$$

同理,对功率谱密度函数进行逆傅立叶变换可以得到自相关函数:

$$R(x,y) = \int_{-\infty}^{\infty} \int_{-\infty}^{\infty} \Phi(k_x, k_y) \exp[\mathrm{i}(xk_x + yk_y)] dk_x dk_y \tag{5-6}$$

为了方便后续操作,对数码照片的灰度图像用 $255-f$ 表示,这样玄武岩骨料表现为亮白色,水泥基质为暗黑色,图 5-2(a)所示是尺寸为 $15 \text{ cm} \times 15 \text{ cm}$ 的混凝土切片灰度图像,图 5-2(b)和图 5-2(c)分别为灰度图像的归一化的功率谱和自相关函数。

由式(5-4)给出的自相关函数可以看出:理论上的自相关函数是在连续无限区域条件下推导得到的随机介质的统计特征,在实际应用中主要用高斯型、指数型、混合型、von Karman 型等以及在此基础上进行改进的多种自相关函数,来实现对有限区域内离散介质的描述和模拟。其中,高斯型、指数型和混合型自相关函数可以统一表示为:

$$R(x,y) = \exp[-(\frac{x^2}{a^2} + \frac{y^2}{b^2})^{\frac{1}{1+\xi}}] \tag{5-7}$$

式中,a,b 为介质在 x 轴方向和 y 轴方向上的自相关长度;ξ 为粗糙度因子。

高斯型和指数型自相关函数可以视为混合型自相关函数的两个特例,当

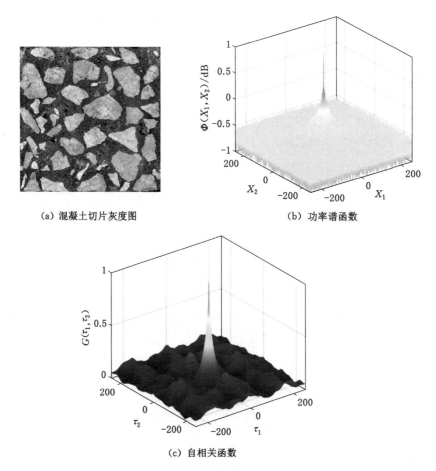

(a) 混凝土切片灰度图　　　　　　　(b) 功率谱函数

(c) 自相关函数

图 5-2　灰度图及其功率谱函数、自相关函数

$\xi=0$ 时，$G(x,y)$ 为高斯型自相关函数；当 $\xi=1$ 时，$G(x,y)$ 为指数型自相关函数。

自相关长度描述了随机扰动的平均尺度，粗糙度因子 ξ 描述了微观尺度上的粗糙程度。自相关长度的估算可以通过测量自相关函数由 1 衰减至 e^{-1} 的距离获得，也可以根据式（5-8）估算。

$$a \approx x_0/(\ln 2)^{\frac{1+\xi}{2}} \tag{5-8}$$

式中，x_0 为自相关函数的横坐标值，且 $G(x_0)=0.5$。

5.3   混凝土细观骨料结构的形态特征描述

为了便于对混凝土中骨料的特征进行统计,需要对水泥砂浆和骨料进行分离。统计图 5-2(a)中样本模型的灰度级分布如图 5-3 所示,从图中可以观察到两组明显的灰度级,分别对应了灰度图像中表现较暗的水泥砂浆和表现较亮的骨料。基于此,通过制定合理的阈值分割方法,可以将水泥砂浆和骨料分离。

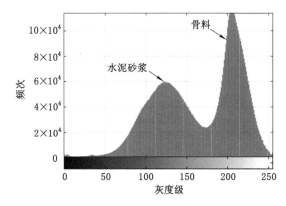

图 5-3   混凝土样本的灰度直方图

尽管数码照片比 CT 图像的空间分辨率较低,但是它不受试样尺寸和形状的影响,可以实现对大体积样本图像特征的采集,并且经济成本更低和成像效率更高,能够为研究混凝土宏观性质与细观结构的关系提供必要的信息。

此处应用全局阈值分割算法对样本进行阈值分割:首先,提取图 5-3 的 2 个峰值,分别为 $T_1 = 120$,$T_2 = 205$;对于灰度图像中的每个像素点,以其为中心搜索 $k \times k$ 窗口内所有像素的平均值 T,如果 $T > T_1$,则当前像素点的阈值为 T,如果 $M - N < T$,则当前像素点为 0。二值化后还需对结果进一步精细化处理,由于研究的目标是大尺寸的骨料,要滤除图像中的噪点。对于相接触的骨料,二值化后可能出现两个不同的骨料相互连通的情况,为了便于统计,要对其进行分割处理,最终结果如图 5-4 所示。

二值样本模型中表示水泥砂浆的像素点的值为 0,骨料为 1,这样一种包含两种材料的随机介质模型可以用单位阶跃函数表示。

$$I(r) = \begin{cases} 0 & (r \in 砂浆) \\ 1 & (r \in 骨料) \end{cases} \tag{5-9}$$

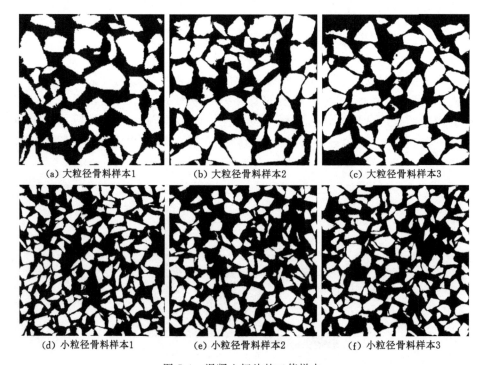

(a) 大粒径骨料样本1　　　　(b) 大粒径骨料样本2　　　　(c) 大粒径骨料样本3

(d) 小粒径骨料样本1　　　　(e) 小粒径骨料样本2　　　　(f) 小粒径骨料样本3

图 5-4　混凝土切片的二值样本

式中,r 为随机介质内部任意一点,当 I 为二维介质时 $r=(x,y)$,当 I 为三维介质时 $r=(x,y,z)$。

由此可以统计骨料的体积比 p:

$$p = \sum_{i=1}^{m} \sum_{j=1}^{n} I(i,j)/(m \cdot n) \tag{5-10}$$

为了尽可能详尽描述混凝土的随机骨料结构,除体积占比 p 外还要知道骨料的数量、形状和粒径分布等信息。因为混凝土中骨料之间是相互独立分布的,所以在这里应用 MATLAB 的 bwlabel 函数,通过搜索和标记模型中的连通域,将每个骨料单独提取,以便实现对骨料的数量、形状和粒径的统计。

线性路径函数广泛用于随机介质,特别是对两相随机介质几何形态的描述,其表述了随机介质内某种材料在任意两点 r_1 和 r_2 之间属性连续的概率。对于各向同性介质,线性路径函数仅与两点之间的距离 r 有关,是距离 r 的函数。

假设有长度为 M 的一维随机介质,由 0 和 1 两种材料组成。材料 1 被分为 N 段,在介质内部随机离散分布,各段体积为 $x_i(i=1,2,\cdots,n)$,材料 1 的总体

积为 X，如图 5-5 所示，则材料 1 的线性相关函数为：

$$L(r) = \frac{\sum\limits_{i=1}^{N}(x_i - r)}{M - r} \tag{5-11}$$

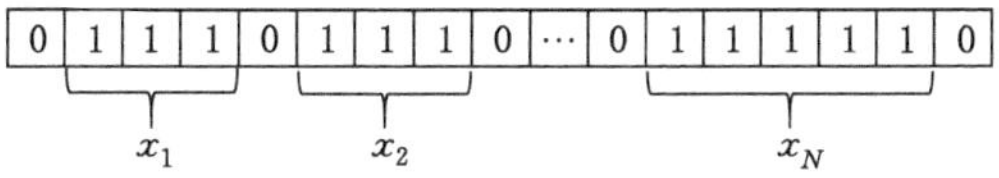

图 5-5　一维离散随机介质示例

由式(5-11)可知：对于确定长度 r，$L(r)$ 是 x_i 的函数，当 $r > x_i$ 时，$x_i - r = 0$，因此，对应的线性路径函数主要包含离散型随机介质内目标材料的粒径尺寸信息。当 $r \leqslant x_i$ 时，公式可以改写为：

$$L(r) = \frac{\sum\limits_{i=1}^{N}(x_i - r)}{M - r} = \frac{\sum\limits_{i=1}^{N}x_i - \sum\limits_{i=1}^{N}r}{M - r} = \frac{X - N \cdot r}{M - r} \tag{5-12}$$

此种情况下，对于已知体积信息的随机介质，$L(r)$ 是非均质体聚簇数量的函数且 $L(0) = X/M$，即等于目标材料所占体积比。此时，线性路径函数主要包含离散型随机介质内部非均质体的数量信息。

由以上讨论可知线性路径函数包含了离散型随机介质 $I(i)$ 中目标材料的尺寸、数量等信息，在实际计算线性路径函数时可以按照以下公式进行：

$$L(r) = \sum\limits_{x=1}^{M-r}\left[\prod\limits_{i=x}^{x+r}I(i)\right]/(M - r) \tag{5-13}$$

对于各向同性介质，出于对计算效率的考虑，线性路径函数的采样统计通常是沿正交方向进行的。另外，根据 $L(r)$ 的定义，要求间隔为 r 的两点之间的介质必须是连续的，因此不必以每个像素点作为起点进行搜索。例如，以长度 r 搜索计算线性路径函数，在判断 $i, i+1, i+2, \cdots, i+r$ 是否都属于目标材料 1 时，如果 $i+n(n<r)=0$，那么下次搜索判断可以从点 $i+n+1$ 开始，中间各点 $i+1, i+2, \cdots, i+n$ 则无须再参与计算，应用此方法可以减少不必要的计算量，大幅度提高算法的效率。

图 5-6(a)是图 5-4 中混凝土切片的二值样本骨料结构的线性路径函数，当 $r=0$ 时，根据线性路径函数的性质可知 $L(0)$ 等于骨料的体积比；当 $r>50$ 时，$L(r)=0$，说明在采样方向上骨料的粒径不大于 50 个像素，换算为长度单位，约为 37 mm。比较 3 个样本的线性路径函数曲线可以发现并不完全一致，这也体现了混凝土的随机特性。

由于线性路径函数在 r 值取较小值时主要表征的是离散非均质体数量特

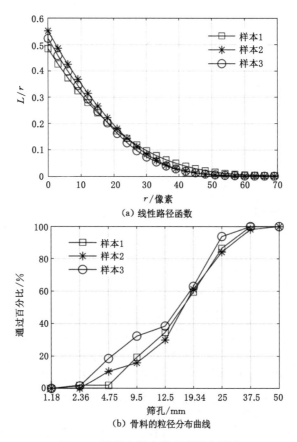

（a）线性路径函数

（b）骨料的粒径分布曲线

图 5-6　混凝土样本模型的形态描述

征,在 r 值取较大值时主要表征的是离散非均质体的尺寸信息,所以,如果作为唯一的约束条件,对于空间二维或者三维随机介质,通常具有一定程度的多解性。为了更加准确地描述随机介质的结构,在混凝土随机骨料模型的重建中增加了骨料的粒径分布特征作为约束条件,通过提取骨料最小外接矩形（三维:长方体）的算法,对骨料的粒径分布进行统计描述,将统计骨料粒径分布的算法总结如下:

（1）构造骨料的凸包多边形,并求凸包多边形各边与水平坐标轴的夹角 θ_i;

（2）按照凸包多边形上、下、左、右 4 个方向上的最远点,绘出一个初始的外接矩形,并计算矩形的周长和面积;

（3）将凸包多边形按照角度 θ_i 旋转,使其一条边与坐标轴平行,绘出新的外接矩形,此时外接矩形的一条边与凸包多边形的一条边重合,然后逆向旋转,并计算新矩形的周长和面积;

（4）比较初始矩形和新矩形的周长和面积，按照周长或者面积最小的原则，保留较小者；

（5）重复步骤（3）和步骤（4），直到试算完所有的角度 θ_i；

（6）输出最小外接矩形。

图 5-7 以单个骨料为例展示了最小外接矩形的计算流程。

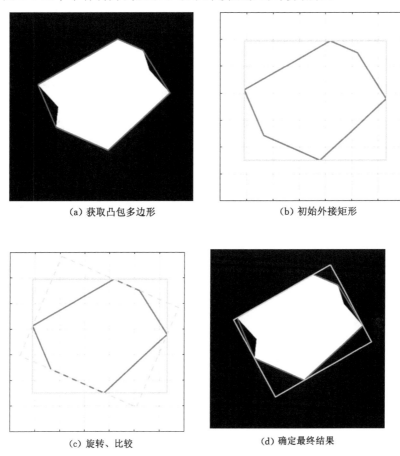

（a）获取凸包多边形   （b）初始外接矩形

（c）旋转、比较   （d）确定最终结果

图 5-7 骨料最小外接矩形计算流程

因为混凝土切片中存在部分较小的细长骨料，骨料尺寸的统计按照最小外接矩形长和宽的平均值进行统计，得到骨料的粒径分布曲线，如图 5-6（b）所示，从图中可以看出 3 个样本的骨料粒径分布曲线存在一定差异。

5.4　随机灰度模型重建

数字混凝土模型的重建主要包括两个部分:随机灰度模型重建和随机骨料模型重建。首先,基于随机过程理论,重建符合样本灰度分布特征的随机灰度模型;其次,在样本骨料数量和体积比的宏观约束下,对随机灰度模型进行阈值分割,得到粗糙的初始两相离散随机介质模型,通过对初始模型进行精细优化,最终得到与样本模型相同形态特征的随机骨料重建模型。

将灰度在空间中的随机分布视为随机过程,灰度是独立的随机变量,那么混凝土的灰度模型可以基于随机过程理论来模拟生成,在频率域利用样本的功率谱对大量随机数进行滤波筛选,再将其变换到空间域,可得到符合样本统计规律的随机灰度模型。

假设要生成的灰度所在的空间范围为 $L_x \times L_y \times L_z(\mathrm{m}^3)$,空间 x 轴、y 轴、z 轴 3 个方向上等间距离散点数(pixel)分别为 L、M、N,相应的离散间距分别为 Δx、Δy、Δz,给出三维空间中在点 $(x = l\Delta x, y = m\Delta y, z = n\Delta z)$ 处的灰度 $f(x, y, z)$ 的表达式:

$$f(x, y, z) = \frac{1}{L_x L_y L_z} \cdot$$

$$\left| \sum_{l=-L/2+1}^{L/2} \sum_{m=-M/2+1}^{M/2} \sum_{n=-N/2+1}^{N/2} F(k_{x_l}, k_{y_m}, k_{z_n}) \exp[\mathrm{i}(k_{x_l}x + k_{y_m}y + k_{z_n}z)] \right|$$

$$(5\text{-}14)$$

式中,$F(k_{x_l}, k_{y_m}, k_{z_n}) = 2\pi[{}_x^L L_y L_z \Phi(k_{x_l}, k_{y_m}, k_{z_n})]^{1/2} \times$

$$\begin{cases} \dfrac{[N(0,1) + \mathrm{i}N(0,1)]}{\sqrt{2}} & (l \neq 0, L/2 \text{ 且 } m \neq 0, M/2 \text{ 且 } n \neq 0, N/2) \\ N(0,1), & (l = 0, L/2 \text{ 或 } m = 0, M/2 \text{ 或 } n = 0, N/2) \end{cases}$$

$$(5\text{-}15)$$

$$k_{x_l} = 2\pi l / L_x, \quad k_{y_m} = 2\pi m / L_y, \quad k_{z_n} = 2\pi n / L_z$$

式中,Φ 为三维空间的功率谱密度;i 为虚数单位;k 为空间离散波数;$N(0,1)$ 为平均值为 0、方差为 1 的正态分布的随机数。

在这里,功率谱密度根据维纳-辛钦定理,由三维混合型自相关函数作傅立叶变换给出,并对自相关函数进行了简化。

$$R(x, y, z) = \exp\left[-\left(\frac{x^2}{a^2} + \frac{y^2}{b^2} + \frac{z^2}{c^2}\right)^{\xi}\right] \tag{5-16}$$

式中,a,b,c 分别为 x 轴、y 轴和 z 轴方向上的自相关长度;ξ 为粗糙度。

以图 5-2(a)为样本,估算样本灰度图像的统计特征参数,并按照骨料粒径和混凝土尺寸设计了 3 种随机灰度模型,其统计参数见表 5-1。利用式(5-14)重建二维、三维随机灰度模型,等比例缩放后如图 5-8 所示。

表 5-1　随机灰度模型的统计参数

模型	统计特征量		自相关长度/cm			粗糙度	模型尺寸	
	平均值	标准差	a	b	c	ξ	cm³	像素³
1	137	69	0.8	0.8	0.8	0.8	15×15×15	300×300×300
2	128	73	0.38	0.38	0.38	0.85	15×15×15	300×300×300
3	137	69	0.8	0.8	0.8	0.8	30×30×30	600×600×600

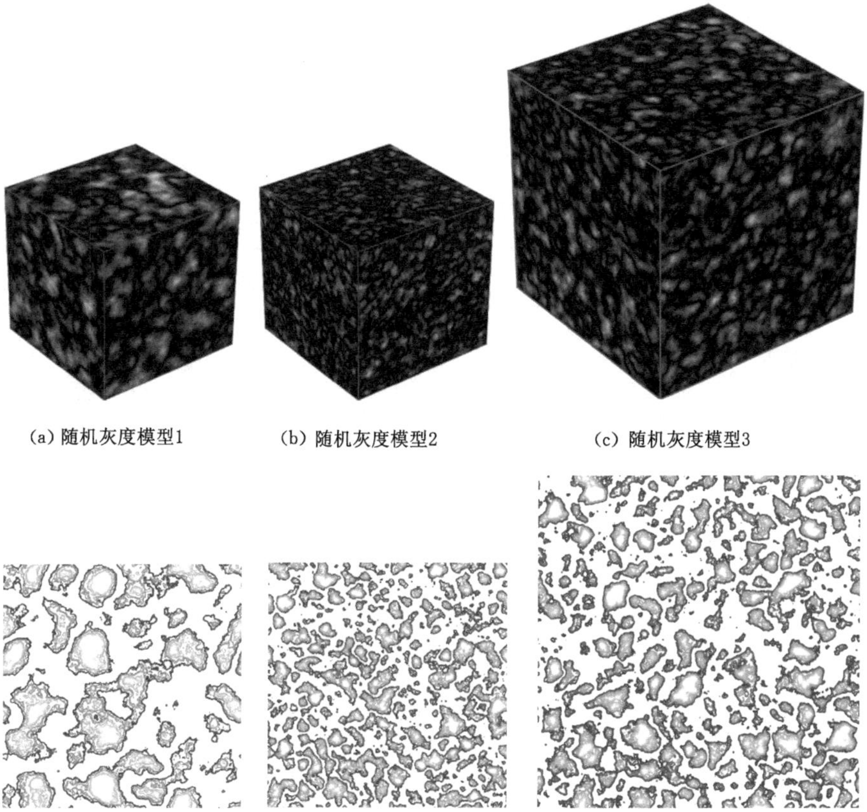

(a) 随机灰度模型1　　　(b) 随机灰度模型2　　　(c) 随机灰度模型3

(d) 灰度等高线模型1　　　(e) 灰度等高线模型2　　　(f) 灰度等高线模型3

图 5-8　重建的随机灰度模型

从图 5-8 可以看出:灰度模型中的骨料已经初具形状,尺寸和空间分布特征表明了该方法对于不同骨料粒径、尺寸和维度的数字混凝土均具有较好的重建效果。

5.5 随机骨料模型重建

为了准确描述重建模型中骨料的体积比、粒径分布和空间分布特征,需要将灰度模型进行阈值分割处理,将灰度模型转变为仅包含 0(水泥砂浆)和 1(骨料)两个灰度值的随机骨料模型,这里以图 5-8(d)所示二维随机灰度模型 1 为例,阐述随机骨料模型的重建过程。

为了实现骨料和水泥砂浆基质的分离,需要对随机灰度模型进行阈值分割处理,常用的阈值分割方法有最大类间方差法(Otsu)、最大熵法、迭代法、自适应阈值法、Sauvola 算法等。对随机灰度模型的整体应用简单的单一阈值分割,灰度值高于阈值的设置为 1,低于阈值的设置为 0,不同阈值的分割结果如图 5-9所示。

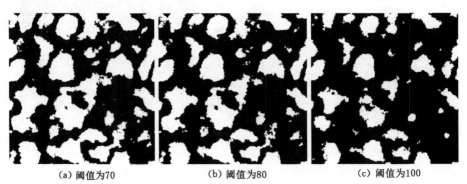

(a) 阈值为70   (b) 阈值为80   (c) 阈值为100

图 5-9　应用不同阈值时的分割结果

经过阈值分割后得到的初始二值模型,其中骨料体积比较样本模型还有不足,需要进一步调整。调整骨料体积比的同时,为保证骨料的粒径分布特征与样本一致,要确保单个骨料的体积不大于样本最大骨料的体积 V_{max}。在此,通过将骨料外边界的部分像素设置为 1,实现骨料体积的增大;通过将骨料内边界的部分像素设置为 0,实现骨料体积的减小。单个骨料的内、外边界如图 5-10 所示。

重建模型中骨料体积比调整的具体流程如下:

(1)按照样本模型中骨料的体积比 p 计算初始二值模型中骨料的体积差 ΔV。

0	0	0	0	0	0	0	0
0	0	0	0	0	0	0	0
0	0	1	1	1	1	0	0
0	0	1	1	1	1	0	0
0	0	1	1	1	1	0	0
0	0	1	1	1	1	0	0
0	0	0	0	0	0	0	0
0	0	0	0	0	0	0	0

图 5-10　骨料内、外边界示意图

（2）随机选择一个骨料 A，计算骨料 A 和样本中最大骨料的体积差 $\Delta V_A = V_A - V_{max}$。

（3）当 $\Delta V_A > 0$ 时，搜索骨料 A 的内边界像素，从骨料 A 的内边界中随机选择 $n(n \leqslant \Delta V_A)$ 个像素归 0，再次计算和判断 ΔV_A 是否等于 0，重复以上操作直至 $\Delta V_A = 0$，然后更新 ΔV。

（4）当 $\Delta V_A < 0$ 时，搜索骨料 A 的外边界像素，从骨料 A 的外边界中随机选择 $m(m \leqslant \Delta V_A)$ 个像素，判断 m 个像素中是否均为 0 值像素，如果是，则令 m 个像素值为 1，然后更新 ΔV，否则直接进入下一步。

（5）重复步骤（2）、（3）、（4），直至 $\Delta V = 0$。

以图 5-4(a)所示模型为样本，按照样本中骨料的统计特征，对二值化后的模型进行调整，得到图 5-11 所示初始随机骨料模型。

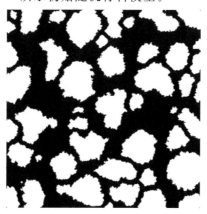

图 5-11　重建的初始随机骨料模型

计算并比较样本模型和重建模型的骨料粒径分布曲线和线性路径函数，如图 5-12 所示，从图中可以看出：样本模型和重建模型的骨料粒径分布曲线已经非常相似，二者的差别在误差允许范围之内。二者的线性路径函数略有差距，当

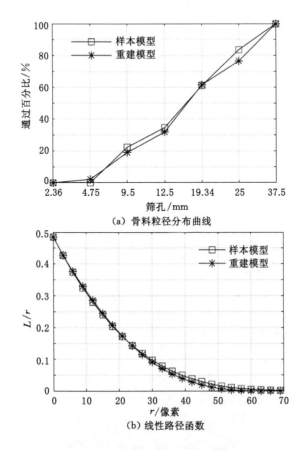

(a) 骨料粒径分布曲线

(b) 线性路径函数

图 5-12　初始重建模型与样本模型统计特征的比较

$r>25$ 像素时,线性路径函数才略有差别,为了进一步缩小此差距,继续采用随机优化算法对重建模型进行迭代优化精细处理。

　　模拟退火法是随机介质重建方法中常用的优化算法,在此选用其作为核心算法,用以进一步优化重建的随机骨料模型。在采用模拟退火法优化过程中,选择图 5-4 所示混凝土二值模型作为优化过程中的约束样本模型,将重建的随机介质模型作为输入模型。为了使输入模型向样本模型不断迭代演化,需要令输入模型产生随机扰动,判断随机扰动是否优劣的条件由样本模型和重建模型的目标函数之间的差别确定,即模拟退火法中的"能量"E。

$$E = \sum_{r=0}^{r_{\max}} \left[f(r) - f_0(r) \right]^2 \tag{5-17}$$

$$E' = \sum_{r=0}^{r_{max}} [f'(r) - f_0(r)]^2 \qquad (5\text{-}18)$$

$$\Delta E = E' - E \qquad (5\text{-}19)$$

式中，f_0 为样本模型的目标函数；f 为扰动前重建模型的目标函数；f' 为扰动后的目标函数，采用线性路径函数 $L(r)$ 作为目标函数。

为了避免陷入局部最优值，对于劣势的扰动，也以一定的概率接受，接受扰动的概率为：

$$p(\Delta E) = \begin{cases} 1 & (\Delta E \leqslant 0) \\ \exp(-\Delta E / T) & (\Delta E > 0) \end{cases} \qquad (5\text{-}20)$$

式中，T 随时间步长的增加而逐渐减小。

对于混凝土这种内部非均质体，为聚簇型随机介质，由于骨料的体积和数量已经确定，对于过小或者过大的 r 值，线性路径函数均不能很好地表征骨料这种聚簇型结构，存在一定程度的多解性。例如，当 $r=0$ 时，线性路径函数值表示目标相的体积比，对于任意结构的不同随机介质，只要体积比相同，$r=0$ 处的线性路径函数值就相等；当 r 超出骨料的最大尺寸，则不存在对应尺寸的连通域，线性函数值为 0。因此，在应用模拟退火法对重建随机介质进行优化时，采用了分段优化方式，首先应用较大 r 值的线性路径函数优化，然后再采用较小 r 值的线性路径函数。

使输入模型向样本模型进化的随机扰动，是指分别从黑色相和白色相中随机选择一个像素点，然后将两点属性进行交换的过程。在传统的重建算法中，用于互换的两个像素点是从全域中任意选择的，每个像素点被选择到的概率是相等的，这种随机扰动方法所适用的对象是随机分布的点模型，即初始模型仅在体积比上与样本模型一致。因为有大量的像素可以用于交换，所以初始收敛速度很快，但是后期要断开连通的相，产生独立的聚簇，收敛速度会变得很慢，多用于具有连通性的孔隙介质的重建。

待优化模型的骨料数量、体积比以及在空间中的分布均与样本模型一致，需要优化改进的主要是骨料的粒径分布特征，调整已有的骨料变大或者缩小，为此，我们选择一种界面像素交换的扰动方法，将像素的互换限制在骨料和水泥基质的表面进行，介质内部像素不参与互换过程，极大地缩小了可用于交换像素的选择范围，减少了非必要的互换，在很大程度上排除了孤立噪点的产生。为了对随机扰动过程有更加清晰、直观的理解，在图 5-13 中展示了选择界面像素点进行交换的两种情形。

当公式中的能量 E 小于某个设定的公差值时就可以终止迭代优化算法，输出最终的结果，重建得到的随机骨料模型如图 5-14 所示。

0	0	0	0	0	0	0	0
0	1	1	1	0	0	0	0
0	1	1	1	0	0	0	0
0	1	1	1	0	0	0	0
0	0	0	0	0	0	0	0
0	0	0	0	0	0	0	0
0	0	0	0	1	1	0	0
0	0	0	0	0	0	0	0

0	0	0	0	0	0	0	0
0	1	1	1	0	0	0	0
0	1	1	1	0	0	0	0
0	0	1	1	0	0	0	0
0	0	0	0	0	0	0	0
0	0	0	0	0	1	0	0
0	0	0	0	1	1	0	0
0	0	0	0	0	0	0	0

（a）不同骨料之间像素的选择和交换

0	0	0	0	0	0	0	0
0	0	0	0	0	0	0	0
0	0	1	1	1	1	0	0
0	0	1	1	1	1	0	0
0	0	1	1	1	1	0	0
0	0	1	1	1	1	0	0
0	0	0	0	0	0	0	0
0	0	0	0	0	0	0	0

0	0	0	0	0	0	0	0
0	0	0	0	0	0	0	0
0	0	1	1	1	1	0	0
0	0	1	1	1	0	0	0
0	1	1	1	1	1	0	0
0	0	1	1	1	1	0	0
0	0	0	0	0	0	0	0
0	0	0	0	0	0	0	0

（b）同一骨料像素的选择和交换

图 5-13 随机扰动过程中像素的选择和交换

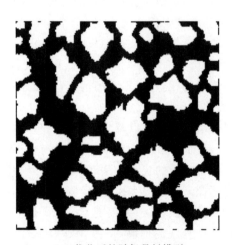

（a）优化后的随机骨料模型

图 5-14 最终重建的数字混凝土模型

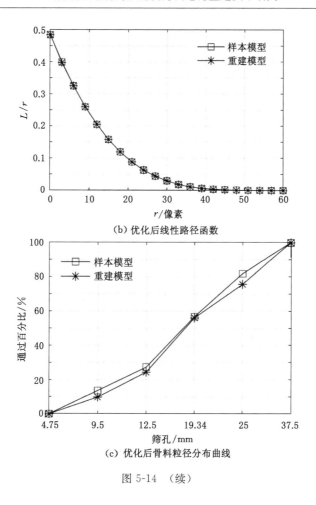

（b）优化后线性路径函数

（c）优化后骨料粒径分布曲线

图 5-14 （续）

5.6 不同类型数字混凝土的重建效率

本节根据骨料粒径、混凝土尺寸,对二维、三维模型进行重建,建模所用计算机配置情况见表 5-2。

表 5-2 计算机配置情况

项目	描述
CPU	Intel(R) Core(TM) i7-7700 CPU @ 3.60 GHz
内存	64.0GB
系统	Windows 10

各个中间模型的重建参数和时间见表 5-3。其中,灰度模型的重建主要基于快速傅立叶算法实现,因此有着很高的重建效率。模型优化最费时,虽然优化后模型(图 5-13)与样本模型的特征描述更为一致,但是优化前、后的结果在视觉上差别不大,当重建模型较大时,在满足重建精度的前提下,出于计算效率的考虑可以忽略优化重建过程。模型边长所划分的像素越多,模型的精细程度越高,重建计算量越大,导致较低的计算效率,因此,在满足精度要求的前提下应该尽可能选择较少的像素,以减少不必要的计算量。

表 5-3 模型重建时间统计

模型	模型边长		模型重建用时/s			
	cm	像素	灰度模型	二值模型	优化模型	合计
1	15	300	0.22	19	142	大骨料
2	15	300	0.23	22	210	小骨料
3	30	600	0.32	164	948	大骨料
4	15	300	4	1 407	12 136	大骨料三维

以图 5-4(b)所示切片为样本模型,其中骨料的体积比约为 0.56,公称最大粒径约为 25 mm,重建模型如图 5-15 所示,模型尺寸为 15 cm×15 cm,模型大小为 300 像素×300 像素,重建模型所用时间见表 5-3 中模型 1。

以图 5-4(d)所示切片为样本模型,其中骨料的体积比约为 0.41,公称最大粒径约为 12.5 mm,重建模型如图 5-16 所示,模型尺寸为 15 cm×15 cm,模型大小为 300 像素×300 像素,重建模型所用时间见表 5-3 中模型 2。

以图 5-4(b)所示切片为样本模型,其中骨料的体积比约为 0.56,公称最大粒径约为 25 mm,重建模型如图 5-17 所示,模型尺寸为 30 cm×30 cm,模型大小为 600 像素×600 像素,重建模型所用时间见表 5-3 中模型 1。可以看出模型优化占用了大部分时间。

以图 5-4(b)所示切片为样本模型,其中骨料的体积比约为 0.56,公称最大粒径约为 25 mm,重建模型如图 5-18 所示,模型尺寸为 15 cm×15 cm×15 cm,模型大小为 300 像素×300 像素×300 像素,模型最大骨料及其空间位置如图 5-18(c)所示。重建模型所用时间见表 5-3 中模型 4,可以看出模型优化占用了大部分时间。

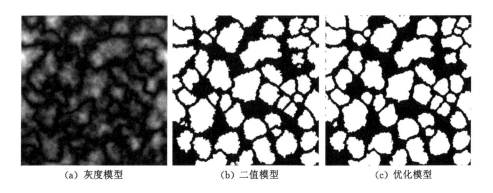

　（a）灰度模型　　　　　　（b）二值模型　　　　　　（c）优化模型

图 5-15　模型 1

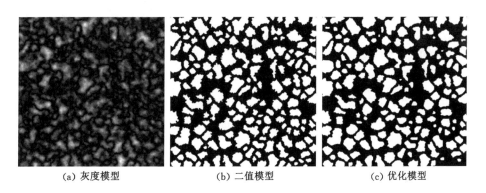

　（a）灰度模型　　　　　　（b）二值模型　　　　　　（c）优化模型

图 5-16　模型 2

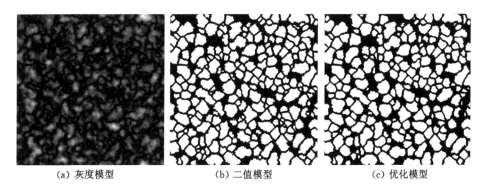

　（a）灰度模型　　　　　　（b）二值模型　　　　　　（c）优化模型

图 5-17　模型 3

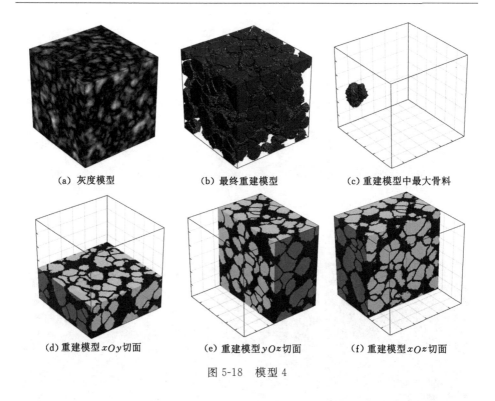

(a) 灰度模型　　　　(b) 最终重建模型　　　　(c) 重建模型中最大骨料

(d) 重建模型 xOy 切面　　(e) 重建模型 yOz 切面　　(f) 重建模型 xOz 切面

图 5-18　模型 4

5.7　本章小结

以混凝土的随机骨料结构为研究对象,基于随机过程理论和数字图像处理技术对混凝土的随机非均匀性表征进行了描述,结合随机优化重建算法,提出了一种适用于大尺寸离散型随机介质重建的高效算法,主要结论如下:

(1) 提出用数字图像的灰度属性表征混凝土的随机非均匀性,将灰度在空间中的分布视为随机过程,用一阶统计量、二阶统计量对随机过程进行了统计描述。

(2) 对线性路径函数的性质进行了深入探讨,介绍了用于统计骨料粒径的最小外接矩形算法,利用二者描述了骨料的空间结构特征和粒径分布特征。

(3) 提出了一种数字混凝土高效重建算法:首先建立三维空间中随机分布的灰度模型数学表达式,利用阈值分割技术处理灰度模型得到的随机骨料模型,在统计特征上与样本有一定程度的相似性,极大地减少了后续随机优化重建算法的计算量。调整了随机优化重建算法的随机扰动方法,缩短了重建时间。基于本章提出的重建算法,可以实现对不同尺寸、不同粒径分布骨料模型的三维重建,为其他类似的离散型随机介质模型建立提供有效的方法和途径。

6 混凝土内部结构参数的超声波时频分析技术研究

波在混凝土中传播时会由于不同相（粗骨料、砂浆和裂隙）界面处的散射而衰减。在混凝土结构的无损检测中，超声波传播试验是用于研究混凝土骨料参数和裂隙发育等内部结构信息与超声波检测信号响应特征关系的有效方法。在实际工程中，可通过已建立的关系模型由超声波检测信号的特征快速推导出混凝土的内部结构信息，进而掌握混凝土结构的损伤情况和剩余使用年限。目前使用最多的超声属性是速度和振幅，速度的测量方法是根据震源与接收点之间的初至传播时间计算而得到的，振幅通常考虑的是直达波的振幅。然而，对于非均匀介质而言，由于存在复杂的散射现象及波的传播路径非线性，因此实验室测量所得到的速度和振幅存在偏差，进而导致由速度和振幅参数导出的缺陷位置和结构参数等其他信息不可靠。此外，在研究混凝土结构参数的超声波定量评价的试验中不仅要考虑如何对混凝土本身结构随机性的表征，还要选择行之有效的超声属性。本书不仅研究了超声速度、振幅这两个传统属性，还创新性地提出了瞬时衰减。在第 2 章混凝土随机建模的基础上，本章系统性地研究了混凝土内部结构变化导致的超声响应特征。在内容编排上，首先是各向同性非均匀介质中的三维声波方程数值解法；然后针对混凝土中的裂隙，研究了裂隙数量、长度分布、开度的变化对超声波检测信号的影响规律；接着研究了粗骨料的级配和球形度对超声波传播的影响；最后，通过建立同时包含裂隙和粗骨料的混凝土模型，研究了骨料对超声波探测裂隙的影响。

6.1 声波方程的数值解法

求解非均匀介质中的声波方程是混凝土超声波模拟的重要基础，本节主要介绍了声波方程的 K 域离散化原理和数值解法，并分析了稳定性条件和精度。

6.1.1　声波方程

非均匀各向同性介质中三维一阶压力-速度声波方程可表示为[139]：

$$\frac{\partial p}{\partial t} = -\rho v_0^2 \left(\frac{\partial v_x}{\partial x} + \frac{\partial v_y}{\partial y} + \frac{\partial v_z}{\partial z} \right) \tag{6-1}$$

$$\frac{\partial v_x}{\partial t} = -\frac{1}{\rho} \frac{\partial p}{\partial x} \tag{6-2}$$

$$\frac{\partial v_y}{\partial t} = -\frac{1}{\rho} \frac{\partial p}{\partial y} \tag{6-3}$$

$$\frac{\partial v_z}{\partial t} = -\frac{1}{\rho} \frac{\partial p}{\partial z} \tag{6-4}$$

可合并写为向量形式：

$$\begin{cases} \dfrac{\partial p}{\partial t} = -\rho v_0^2 \, \nabla \cdot \boldsymbol{v} \\ \dfrac{\partial \boldsymbol{v}}{\partial t} = -\dfrac{1}{\rho} \, \nabla p \end{cases} \tag{6-5}$$

式中，v 为质点在 x 轴、y 轴、z 轴上对应的速度分量；p 为声波压力；ρ 为介质密度；ρ_a 为声波密度；v_0 为介质的纵波速度；t 为时间。

6.1.2　傅立叶变换求导原理

函数 $u(x)$，$x \in IR$，则其傅立叶变换为：

$$u(k) = \int_{-\infty}^{\infty} e^{-ikx} u(x) \, dx \quad (k \in IR) \tag{6-6}$$

式中，k 为波数。

傅立叶变换可简写为：$\hat{u} = F(u)$。

可通过逆傅立叶变换来实现 $\hat{u}(k)$ 到 $u(x)$ 的变换，表示为：

$$u(x) = \frac{1}{2\pi} \int_{-\infty}^{\infty} e^{ikx} \hat{u}(k) \, dk \quad (x \in IR) \tag{6-7}$$

也可简写为 $u = F^{-1}(\hat{u})$。

由傅立叶变换的性质可知若满足 $\dfrac{\partial u}{\partial x} \in IR$，则有：

$$F\left(\frac{\partial u}{\partial x} \right) = \frac{1}{2\pi} \int f(x) \, (-ik_x) \, e^{-ik_x x} \, dx = -ik_x \hat{u} \tag{6-8}$$

那么有：

$$\frac{\partial u}{\partial x} = F^{-1}(-ik\hat{u}) \tag{6-9}$$

因此,基于快速傅立叶变换计算三维空间函数 $u(x,y,z)$ 的任意高阶空间导数可通过如下步骤实现[140]:

(1) 由 FFT 计算 $u(k_x,k_y,k_z)$;

(2) 计算 $(-ik_x)^{m_1}(-ik_y)^{m_2}(-ik_z)^{m_3}u(k_x,k_y,k_z)$;

(3) 由逆 FFT 方法计算 $\dfrac{\partial^{m_1+m_2+m_3}u(x,y,z)}{\partial x^{m_1}\partial y^{m_2}\partial z^{m_3}}$。

6.1.3 K 域声波方程离散化

式(6-5)描述了声波在介质中的传播规律,但是没有说明声波的产生和如何加载到介质中。理论上,线性震源可通过在式(6-10)中添加震源项来实现[141]。

$$\begin{cases} \dfrac{\partial p}{\partial t} = -\rho v_0^2 \nabla \cdot v + S_M \\ \dfrac{\partial v}{\partial t} = -\dfrac{1}{\rho}\nabla p + S_F \end{cases} \tag{6-10}$$

式中,S_F 为外力震源项,可视为添加单位质量的体力,m/s^2 或 N/kg。S_M 为质量震源项,可视为添加的是单位体积质量的时间变化率,$kg/(m^3 \cdot s)$;S_M/ρ 为体速度。

压力和速度在时间上采用交错网格差分法求解,以 v_x 为例进行说明。首先根据泰勒公式将 v_x 在 $t+\dfrac{\Delta t}{2}$ 和 $t-\dfrac{\Delta t}{2}$ 时刻展开,可得[142]:

$$v_x\left(t+\dfrac{\Delta t}{2}\right) = v_x(t)+\dfrac{\partial v_x}{\partial t}\dfrac{\Delta t}{2}+\dfrac{1}{2!}\dfrac{\partial^2 v_x}{\partial t^2}\left(\dfrac{\Delta t}{2}\right)^2+\cdots+\dfrac{1}{m!}\dfrac{\partial^m v_x}{\partial t^m}\left(\dfrac{\Delta t}{2}\right)^m+O(\Delta t^m) \tag{6-11}$$

$$v_x\left(t-\dfrac{\Delta t}{2}\right) = v_x(t)-\dfrac{\partial V_x}{\partial t}\dfrac{\Delta t}{2}+\dfrac{1}{2!}\dfrac{\partial^2 v_x}{\partial t^2}\left(\dfrac{\Delta t}{2}\right)^2+\cdots+\dfrac{1}{m!}\dfrac{\partial^m v_x}{\partial t^m}\left(-\dfrac{\Delta t}{2}\right)^m+O(\Delta t^m) \tag{6-12}$$

式中,Δt 为时间间隔。

式(6-11)减去式(6-12)就得到精度为任意高阶的差分近似,即

$$v_x\left(t+\dfrac{\Delta t}{2}\right) = V_x\left(t-\dfrac{\Delta t}{2}\right)+2\sum_{m=1}^{M}\dfrac{1}{(2m-1)!}\left(\dfrac{\Delta t}{2}\right)\dfrac{\partial^{2m-1}v_x}{\partial t^{2m-1}}+O(\Delta t^{2m}) \tag{6-13}$$

当 $M=1$ 时,就得到了精度为二阶的形式,即

$$v_x\left(t+\dfrac{\Delta t}{2}\right) = v_x\left(t-\dfrac{\Delta t}{2}\right)+\Delta t\dfrac{\partial v_x}{\partial t} \tag{6-14}$$

同理可得到其他参数的二阶差分近似,并将对时间求导转嫁到对空间求导之后得到:

$$
\begin{cases}
p\left(t+\dfrac{\Delta t}{2}\right)=p\left(t-\dfrac{\Delta t}{2}\right)-\rho v_a\Delta t\left(\dfrac{\partial v_x}{\partial x}+\dfrac{\partial v_y}{\partial y}+\dfrac{\partial v_z}{\partial z}\right) \\[2mm]
v_x\left(t+\dfrac{\Delta t}{2}\right)=v_x\left(t-\dfrac{\Delta t}{2}\right)-\dfrac{\Delta t}{\rho}\dfrac{\partial p}{\partial x} \\[2mm]
v_y\left(t+\dfrac{\Delta t}{2}\right)=v_y\left(t-\dfrac{\Delta t}{2}\right)-\dfrac{\Delta t}{\rho}\dfrac{\partial p}{\partial y} \\[2mm]
v_z\left(t+\dfrac{\Delta t}{2}\right)=v_z\left(t-\dfrac{\Delta t}{2}\right)-\dfrac{\Delta t}{\rho}\dfrac{\partial p}{\partial z}
\end{cases}
\tag{6-15}
$$

再结合傅立叶变换求导原理计算空间导数,可将声波方程离散化为[143]:

$$
\begin{cases}
\dfrac{\partial}{\partial\xi}p^n=F^{-1}\left[ik_\xi\kappa\,\mathrm{e}^{\frac{ik_\xi\Delta\xi}{2}}F(p^n)\right] \\[2mm]
v_\xi^{n+\frac{1}{2}}=v_\xi^{n-\frac{1}{2}}-\dfrac{\Delta t}{\rho}\dfrac{\partial}{\partial\xi}p^n+\Delta t S_{F_\xi}^n \\[2mm]
\dfrac{\partial}{\partial\xi}v_\xi^{n+\frac{1}{2}}=F^{-1}\left[ik_\xi\kappa\,\mathrm{e}^{\frac{ik_\xi\Delta\xi}{2}}F(v_\xi^{\frac{1}{2}})\right] \\[2mm]
p_\xi^{n+1}=p_\xi^n-v_0^2\Delta t\rho\dfrac{\partial}{\partial\xi}v_\xi^{n+\frac{1}{2}}+v_0^2\Delta t S_{M_\xi}^{n+\frac{1}{2}}
\end{cases}
\tag{6-16}
$$

式中,$\xi=(x_1,x_2,x_3)$;F,F^{-1} 为空间离散傅立叶变换和其逆变换;i 为虚数单位;K_ξ 为三维空间的波数;$\Delta\xi$ 为 K 域网格步长;Δt 为时间步长;κ 为 K 域算子。

$$
\kappa=\sin(v_{\mathrm{ref}}k\Delta t/2)
\tag{6-17}
$$

式中,$\mathrm{sin}c(x)=\dfrac{\sin x}{x}$,为辛格函数;$v_{\mathrm{ref}}$ 为标量参考声速。

离散的波数可定义为:

$$
k_\xi=\begin{cases}
\left[-\dfrac{N_\xi}{2},-\dfrac{N_\xi}{2}+1,\cdots,\dfrac{N_\xi}{2}-1\right]\dfrac{2\pi}{\Delta\xi N_\xi} & (N_\xi\ \text{为偶数}) \\[3mm]
\left[-\dfrac{N_\xi-1}{2},-\dfrac{N_\xi-1}{2}+1,\cdots,\dfrac{N_\xi-1}{2}-1\right]\dfrac{2\pi}{\Delta\xi N_\xi} & (N_\xi\ \text{为奇数})
\end{cases}
$$

$$
\tag{6-18}
$$

式中,N_ξ 为 ξ 方向上的网格点数。

人为将声压密度(实际上是标量)分为允许应用各向异性完美匹配层的笛卡儿分量。式(6-16)中指数项 $\mathrm{e}^{\pm ik_\xi\Delta\xi/2}$ 为空间移位算子,表示在 ξ 方向上使用网格点间距的一半的梯度计算结果,并能够评估在交错网格上质点运动速度的分量。对于二维情况,可以采用图 3-1 展示的交错网格分布方式,注意,式(6-16)第二个等式中 ρ 为在交错网格点处的介质密度,总声压 $\rho^{n+1}=\sum_\xi\rho_\xi^{n+1}$。

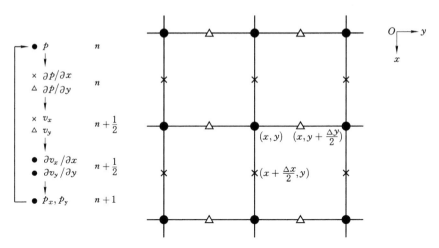

图 6-1 二维空间和时间网格交错网格节点配置示意图

由图 6-1 可以看出：$\partial p/\partial x$ 和 v_x 是在 x 轴方向上交错的网格点处进行计算，在图中用×表示，而 $\partial p/\partial y$ 和 v_y 是在 y 轴方向上交错的网格点处进行计算，图中用三角形表示。其余变量在常规网格上求值，如图中用黑圈表示。使用 n、$n+1/2$ 和 $n+1$ 表示时间上的交错。

以上所有方程中，上标 n 和 $n+1$ 分别表示当前和下一个时间点的函数值，$n-\dfrac{1}{2}$ 和 $n+\dfrac{1}{2}$ 为时间交错点的函数值。

式(6-16)中的震源项分别代表单位质量体力变化和单位体积质量的时间变化率。但是，在模拟计算过程中，震源项通常是以声压和速度的形式给出的。这样做的原因是震源的可用测量值通常是声波的压力值或者质点运动的速度值。因此，模拟过程中只需将二者转换一下，再代入离散方程就可以了。

外力震源项 $S_{F\xi}$ 在笛卡儿坐标系下的分量可通过震源速度分量乘以 $c_0/\Delta\xi$（单位为 s^{-1}），将速度单位（$m\cdot s^{-1}$）转换为加速度单位（$m\cdot s^{-2}$）。质量震源项 $S_{M\xi}$ 各分量通过由震源压力乘以 $1/(Nc_0^2)$，将压力单位转换为密度单位，乘以 $c_0/\Delta\xi$ 将密度单位转换为密度的时间变化率。$1/N$ 项是将输入分割到多个维度，其中 N 是维数。以 x 轴方向为例，震源转换公式为：

$$S_{Fx} = S_{vx}\frac{2v_0}{\Delta x} \tag{6-19}$$

$$S_{Mx} = \frac{S_p}{v_0^2 N}\frac{2v_0}{\Delta x} \tag{6-20}$$

在声波速度不均匀的介质中，采用震源处的声速值。

上述方法是在交错网格点上定义了粒子速度的输入和输出,而在规则网格点上定义了压力的输入和输出。由于压力和速度的输出相对输入偏移了 $\Delta t/2$,交错的时间方案使情况更加复杂,但是只要稍加注意就可以补偿这些偏移。表6-1 总结了在进行三维模拟时交错网格方案对输入和输出的影响。

表 6-1　三维空间下交错网格方案对声压和质点运动速度的输入和输出影响

参数	位置	时间
x 轴方向的输入速度	$x+\Delta x/2,y,z$	t
y 轴方向的输入速度	$x+\Delta x/2,y,z$	$t+\Delta t/2$
z 轴方向的输入速度	$x,y+\Delta y/2,z$	t
x 轴方向的输出速度	$x,y+\Delta y/2,z$	$t+\Delta t/2$
y 轴方向的输出速度	$x,y,z+\Delta z/2$	t
z 轴方向的输出速度	$x,y,z+\Delta z/2$	$t+\Delta t/2$
声压输入值	x,y,z	$t+\Delta t/2$
声压输出值	x,y,z	$t+\Delta t$

时间上的交错还影响如何为初始值问题定义初始条件。例如,模拟质点速度为 0, $t=0$ 时的压力初始值不可能直接使 $v_\xi^0=0$,而是通过设置 $v_\xi^{-1/2}=-v_\xi^{1/2}$ 以实现奇对称性。

6.1.4　吸收边界条件

在利用 k 域伪谱法求解声波方程的过程中,使用 FFT 计算空间导数,这就意味着所获得的声场是周期性的,会导致远离计算域的一侧的波在相反方向镜像出现。在一维情况下,可想象为一个波在弦的闭环上;在二维情况下,可考虑为一个在环面上传播的波。通常对声波在自由空间中的传播进行建模,可以通过改变计算模型的大小来使声波永远不会到达边界。但是,这种方法具有显著的计算冗余特点。而我们的计算需求是声波在到达计算域边缘的时候就消失,就好像一直延伸到无穷远处一样,而不是镜像重新出现在计算域的另一侧。

使用完全匹配层(PML)可以在很大程度上消除由 FFT 引起的干扰,PML是一个薄的吸收层,包围了计算域,并由一组引起各向异性吸收的非物理方程组控制。在伪光谱模型中,PML 必须满足两个要求:(1)必须提供足够的吸收,以使透射波能显著衰减;(2)不能将任何波反射回计算模型区域。

使用 PML 的 Berenger's 原始分裂场公式,将声学密度或声压人为划分为笛卡儿分量,即 $\rho=\rho_x+\rho_y+\rho_z$。因此需要求解的声学参数可以分为垂直和平行于模型边界的两个分量,在计算模型的四周添加吸收层来使沿模型边界法向的声波衰减,而与边界平行的声波不发生衰减。PML 一阶耦合方程为:

$$\frac{\partial u_\xi}{\partial t} = -\frac{1}{\rho_0}\frac{\partial p}{\partial \xi} - \alpha_\xi u_\xi \tag{6-21a}$$

$$\frac{\partial \rho_\xi}{\partial t} = -\rho_0\frac{\partial u_\xi}{\partial \xi} - \alpha_\xi \rho_\xi \tag{6-21b}$$

$$p = c_0^2 \sum_\xi \rho_\xi \tag{6-21c}$$

式中,α 为各向异性吸收系数,Nepers/s,$\alpha = \{\alpha_x, \alpha_y, \alpha_z\}$。

在吸收边界之外,这 3 个分量均为 0,而在吸收边界内,这 3 个分量除了在垂直于其关联方向时不为 0,其余均为 0。换句话说,对于垂直于 x 轴的 PML,$\alpha = \{\alpha_x, 0, 0\}$,吸收系数是各向不等的,同样的吸收系数作用于密度和粒子速度,这足以使 PML 的边缘没有反射(在连续均匀的情况下)。

式(6-21a)和式(6-21b)可根据式(6-22)

$$\left(\frac{\partial}{\partial t} + \alpha\right) f + Q \rightarrow \frac{\partial}{\partial t}(e^{\alpha t} f) + e^{\alpha t} Q \tag{6-22}$$

转换为下式:

$$\begin{cases} \dfrac{\partial}{\partial t}(e^{\alpha_\xi t} u_\xi) = -e^{\alpha_\xi t}\dfrac{1}{\rho_0}\dfrac{\partial p}{\partial \xi} \\[2mm] \dfrac{\partial}{\partial t}(e^{\alpha_\xi t} \rho_\xi) = -\rho_0 e^{\alpha_\xi t}\dfrac{\partial u_\xi}{\partial \xi} \end{cases} \tag{6-23}$$

利用一阶精度的正演差分离散时间导数,包含 PML 的式(6-21b)和式(6-21d)中离散方程为:

$$u_\xi^{n+\frac{1}{2}} = e^{-\alpha_\xi \Delta t/2}\left(e^{-\alpha_\xi \Delta t/2} u_\xi^{n-\frac{1}{2}} - \frac{\Delta t}{\rho_0}\frac{\partial}{\partial \xi}p^n\right) \tag{6-24}$$

$$\rho_\xi^{n+1} = e^{-\alpha_\xi \Delta t/2}\left(e^{-\alpha_\xi \Delta t/2} \rho_\xi^n - \Delta t\rho_0\frac{\partial}{\partial \xi}u_\xi^{n+\frac{1}{2}}\right) \tag{6-25}$$

即 PML 在 K 域伪谱法中的应用形式。

目前,尚未提及 α_ξ 的实际价值。从上面的方程来看,应该使用较大的值,因为波将很快衰减,所需的 PML 厚度最小化。然而,空间离散化也必须考虑在内。考虑波在 x 轴方向传播的情况,如果 α_x 恒定,则在 PML 的边缘和内部的一个网格点之间,该波将按照 $\exp(-\alpha_x \Delta x/c_0)$ 因子衰减。如果 α_x 较大,则 PML 将在 PML 边界上施加较大的梯度,这将导致入射波反射。减少这种反射的一种方法是通过设置 α_x 远小于 $v_0/\Delta x$。然而,在 PML 内的衰减是缓慢的,需要一个非常厚的 PML 来避免明显的波回弹。更好的方法是使 α_ξ 成为 PML

内部的位置函数,$\alpha_\xi = \alpha_\xi(\xi)$,这样可以改变衰减的形状,使其在边界处更平滑,可以使用以下函数:

$$\alpha_\xi = \alpha_{\max}\left(\frac{\xi - \xi_0}{\xi_{\max} - \xi_0}\right)^m \tag{6-26}$$

式中,ξ_0 为 PML 起点的坐标;$\xi_{\max}$ 为终点坐标。

根据 Tabei 等的研究,$m = 4$,用于在最小化包波的幅度和最小化反射波的幅度之间能取得平衡。使用交错空间网格可以显著改善 PML 的性能。式(6-26)中使用的 PML 吸收系数 α_ξ 以 Nepers/s 为单位定义。值得注意的是,PML 公式是基于均匀无损介质的假设,对于具有非常强的吸声性介质,PML 的功效会降低,PML 的性能还取决于入射的频率和角度。

6.1.5　精度和稳定性分析

前面内容已经讨论了描述声波在非均质中传播的连续方程,以及使用 k 域伪谱法离散化这些方程的方法。在这里,需要考虑离散方程的精度和稳定性,可概括为三个方面:第一个方面是一致性,需要知道当离散空间点和时间点的间距足够小时,离散方程是否成为极限下的连续方程,就像简单的有限差分格式(当 $\Delta t \to 0$,$[p(t+\Delta t) - p(t)]/\Delta t \to \partial p/\partial t$)一样。由于离散方程式(6-16)是严格地由连续方程式(6-5)给出的控制方程推导出来的,因此它们是一致的,称离散方程满足一致性。第二个方面需要考虑的是基于这些离散方程的数值模型是否稳定,需要判断数值误差是否会随着时间的推移呈指数增长。需要注意的是,即使离散方程满足了一致性也并不一定稳定。换句话说,有一些直接由连续方程推导出来的数值离散格式,在极限情况下与它们相等,但是它们给出的结果却永远不可能很好地近似于指定的偏微分方程体系。

通常一个离散化方法的稳定性或精度取决于时间步长。在均匀非吸收介质的情况下,可直接导出 k 域离散方程的稳定性条件。在这种情况下,式(6-16)中给出的离散方程可以写成更简单的形式:

$$U_{k_\xi}^{n+\frac{1}{2}} = U_{k_\xi}^{n-\frac{1}{2}} - \frac{ik_\xi \kappa \Delta t}{\rho_0}P^n \tag{6-27a}$$

$$P^{n+1} = P^n - ik_\xi \kappa \Delta t \rho_0 c_0^2 U_{k_\xi}^{n+\frac{1}{2}} \tag{6-27b}$$

式中,$P^n(k) = F\{p^n(x)\}$,$U_{k_\xi}^n(k) = F\{u_\xi^n(x)\}$ 是空间频率域或波数域中的压力和质点速度变量。

前一个时间步长的声压记为:

$$P^n = P^{n-1} - ik_\xi \kappa \Delta t \rho_0 c_0^2 U_{k_\xi}^{n-\frac{1}{2}} \tag{6-28}$$

式(6-27b)减去式(6-28)并代入式(6-27a),即

$$P^{n+1} - 2P^n + P^{n-1} = -b^2 P^n \tag{6-29}$$

式中,$b = k\kappa \Delta t c_0$。

式(6-29)为简单的差分方程形式,生成稳定序列$\cdots, P^{n-1}, P^n, P^{n+1}, \cdots$ 的 b 值范围可以通过假设时间步长 n 的解的形式为 $P^n = (A)^n B$ 来找到,其中上角标 n 表示幂而不是时间步长指数。A 表示在每个时间步长上有效乘以旧 P 以获得新值的因子,因此只要 $|A| \leqslant 1$,系统就稳定。这与对均匀介质中波的物理理解是一致的;对于平面波,振幅保持不变,而对于所有其他波,振幅衰减。将 $P^n = (A)^n B$ 代入式(6-29)可得特征二次方程:

$$A^2 + (b^2 - 2)A + 1 = 0 \tag{6-30}$$

两个解为:

$$A_{1,2} = \frac{-(b^2 - 2) \pm \sqrt{(b^2 - 2)^2 - 4}}{2} \tag{6-31}$$

由此可以看出:当 $|b| \leqslant 2$ 时,$|A| \leqslant 1$。换句话说,对于所有的 k,在以下情况下 k 域伪谱法中使用的数值模型是稳定的。

$$|k\kappa \Delta t c_0| \leqslant 2 \tag{6-32}$$

对于伪谱时域模型 $\kappa = 1$,则稳定性判据只是 $k_{max} \Delta t v \leqslant 2$。对于 k 空间方法 $\kappa = \mathrm{sinc}(v_{ref} k \Delta t / 2)$,则稳定性判据变为:

$$\left| \sin(v_{ref} k \Delta t / 2) \right| \leqslant \frac{v_{ref}}{v} \tag{6-33}$$

在均匀介质中,通过选择 $v_{ref} = v$ 可以使 k 域伪谱法无条件稳定且精确,因为正弦函数值永远小于 1。

有趣的是,如果选择 v_{ref} 使得 $v_{ref}/v > 1$,则模型也是无条件稳定的,但是 k 域算子 κ 不再精确地校正相位,因此会累积相位误差。当 v_{ref}/v 的值比 1 越大,则相位误差越大,且不断增大。因此,通过选择 v_{ref} 可以使模型稳定,离散方程的解不会溢出,但它不一定是准确的。

再来考虑 c_{ref} 使 $v_{ref}/v < 1$ 的情况,在这种情况下,相位误差保证比伪谱情况下的小,$\kappa \to 1$,$v_{ref} \to 0$,k 空间模型成为伪谱模型,但该模型现在只是在一定条件下稳定,稳定性判据为:

$$\Delta t \leqslant \frac{2}{v_{ref} k_{max}} \arcsin\left(\frac{v_{ref}}{v}\right) \tag{6-34}$$

值得注意的是,此处 k_{max} 为标量波数网格的最大值。在均匀介质中的分析表明在非均质条件下分为两种情况:(1) 如果 κ 中参考声速 v_{ref} 为介质的最大声速,这样就可以确保稳定性,但是时间步长必须足够短,以确保相位误差不会破

坏求解。（2）如果选择 v_{ref} 为介质的最小声速，则相位误差必然有界，但时间步长必须足够小，以确保稳定性，判据为：

$$\Delta t \leqslant \frac{2}{v_{\text{ref}} k_{\max}} \arcsin \left[\frac{v_{\text{ref}}}{\max(v)} \right] \tag{6-35}$$

本书的研究目的是计算混凝土中的三维声波传播，由于混凝土具有统计各向同性的性质，声波的传播与方向没有关系，因此，上述稳定性条件适用于 x 轴、y 轴、z 轴 三个方向。

6.2　裂隙对超声波速度和振幅的影响

随着超声波技术在混凝土检测领域的应用逐渐拓展，已经由缺陷定位慢慢演变为对内部结构定量识别。裂隙是混凝土检测所关心的重要对象之一，研究裂隙参数与超声波的传播和检测信号特征之间的关系对开展裂隙定量评价具有重要的指导意义。针对混凝土中的裂隙，系统性地研究了裂隙数量、长度分布、开度的变化对超声波检测信号的影响规律。图 6-2 给出了研究裂隙对超声波特征影响的流程图，首先根据裂隙参数随机建立相应的离散裂隙网络，然后对裂隙网络进行网格划分得到三维图像，接着设置震源和接收点位置并模拟超声波在混凝土中传播，计算得到超声波传播的波场快照和检测信号，最后分析信号的速度、振幅和瞬时衰减等响应特征。

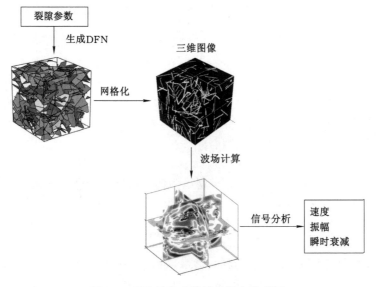

图 6-2　裂隙的超声波特性研究流程图

　　首先考虑裂隙数量 n 按照 100 的增幅由 100 条增加到 500 条,得到 5 个不同的裂隙数量;平均裂隙长度 l 与模型边长 L 的比值 γ_l 按照 0.05 的间隔由 0.25 逐渐增大到 0.40,确定了 4 种不同的裂隙长度。根据上述裂隙数量和长度的变化,共计可得到 $5\times4=20$ 种参数组合。图 6-3 展示了随机生成的不同裂隙数量和长度组合的三维裂隙数字模型,图中给出了相应的裂隙参数。此外,为了研究裂隙模型的随机性,每一种相同参数组合的裂隙网络都重复生成 5 次,共计生成了 $20\times5=100$ 个裂隙模型。

　　由于裂隙网络是由三维空间内一定数量的多边形对象随机组装而成的,不能直接用于波场计算,因此需要将其网格化转换成三维数字样本,即三维图像。裂隙网络网格化成三维图像的问题可以等价为判定三维模型空间内的点是否位于裂隙内,将位于裂隙内和不在裂隙内的点分别定义为裂隙和砂浆背景介质,就得到了三维裂隙数字样本。图 6-4 展示了裂隙网络网格化得到三维图像的过程,第一步是依次寻找出在每一条裂隙范围内的三维空间点坐标,然后将所有位

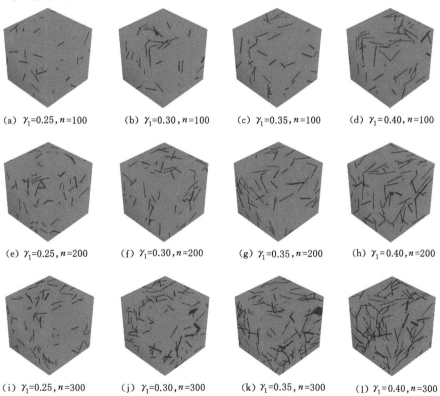

(a) $\gamma_1=0.25,n=100$　(b) $\gamma_1=0.30,n=100$　(c) $\gamma_1=0.35,n=100$　(d) $\gamma_1=0.40,n=100$

(e) $\gamma_1=0.25,n=200$　(f) $\gamma_1=0.30,n=200$　(g) $\gamma_1=0.35,n=200$　(h) $\gamma_1=0.40,n=200$

(i) $\gamma_1=0.25,n=300$　(j) $\gamma_1=0.30,n=300$　(k) $\gamma_1=0.35,n=300$　(l) $\gamma_1=0.40,n=300$

图 6-3　三维随机裂隙数字模型

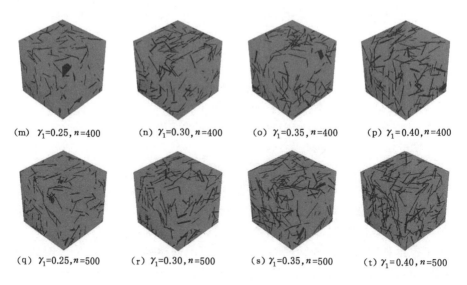

(m) $\gamma_1=0.25, n=400$　　(n) $\gamma_1=0.30, n=400$　　(o) $\gamma_1=0.35, n=400$　　(p) $\gamma_1=0.40, n=400$

(q) $\gamma_1=0.25, n=500$　　(r) $\gamma_1=0.30, n=500$　　(s) $\gamma_1=0.35, n=500$　　(t) $\gamma_1=0.40, n=500$

图 6-3 （续）

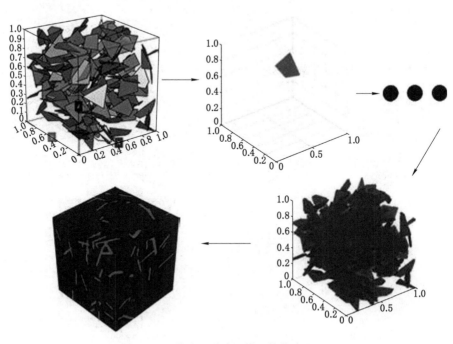

图 6-4　三维随机裂隙网络网格化流程

于裂隙范围内的点相加,最后将裂隙内的点定义为1,不是裂隙内的点设置为0,得到最终网格化的结果。

此外,可通过改变裂隙平面的取点范围得到不同开度的裂隙模型,图6-5为由相同的裂隙网络得到的不同开度(δ)的三维裂隙数字样本,从图中可以看出裂隙开度越大,裂隙密度越大。

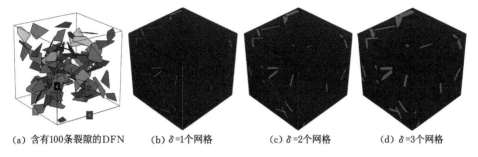

(a) 含有100条裂隙的DFN　　(b) δ=1个网格　　(c) δ=2个网格　　(d) δ=3个网格

图6-5　同一裂隙网络网格化成不同开度的裂隙混凝土样本

计算模型设置为边长 $L=15$ cm 的正方体,网格大小为 1 mm,共计 150×150×150 个网格。震源和接收点分别设置在模型顶、底界面的中心位置处,如图6-6所示,图中深灰色部分为均匀的砂浆背景介质,浅灰色部分代表随机分布在模型空间内的随机裂隙。背景为均匀的水泥砂浆,裂隙具有随机形状和尺寸并在示意图中随机分布。震源位于模型上表面的中心位置处,接收点位于模型的底部中心位置处。计算模型在 x 轴、y 轴和 z 轴方向上的尺寸均为 15 cm。震源为主频 150 kHz 的雷克子波,采样间隔 $dt=7.46 \times 10^{-8}$ s。模拟中使用的砂浆和裂隙的弹性参数见表6-2。

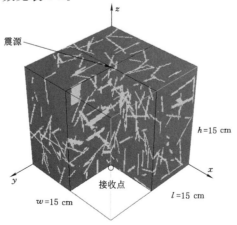

图6-6　随机裂隙模型三维波场计算设置图

表 6-2　砂浆和裂隙填充物的纵波速度和密度

弹性参数	背景介质（砂浆）	裂隙（空气填充）
$v_p/(m/s)$	3 840.0	340
$\rho/(kg/m^3)$	2 100.0	12.9

分别考虑裂隙开度 δ 为 1 mm、2 mm、3 mm，每个裂隙模型都随机生成 5 次，总的计算模型数量为 20×3×5＝300 个。接下来分别就裂隙数量、长度分布和开度对超声波特征的影响展开讨论。

6.2.1　裂隙数量的影响

首先讨论裂隙数量对超声波传播速度的影响。裂隙数量是评价混凝土结构稳定性常用的一个重要指标。为了建立裂隙数量与超声波特性的关系，考虑如下数值计算模型。裂隙开度固定为 1 mm（1 个网格），平均裂隙长度 l 与模型边长 L 的比值 γ_l 固定为 0.25。使裂隙数量由 100 条开始按 100 条的幅度逐步增加到 500 条，得到 5 个裂隙模型。图 6-7 展示了模型中的裂隙数量逐渐增加所对应的波场快照对比图。

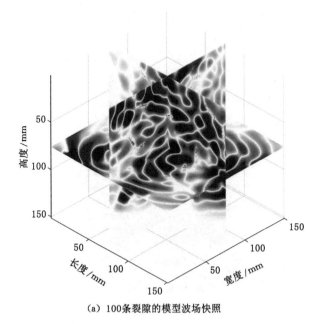

（a）100条裂隙的模型波场快照

图 6-7　裂隙数量变化对应的波场快照（波传播时间为 0.037 ms）

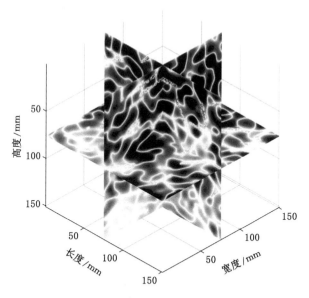

(b) 200条裂隙的模型波场快照

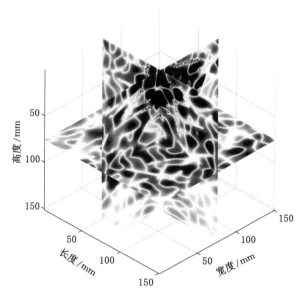

(c) 300条裂隙的模型波场快照

图 6-7 （续）

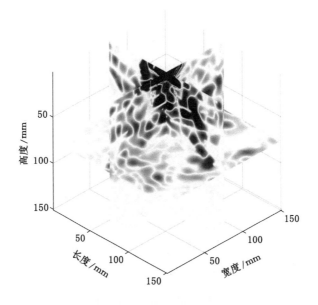

（d）400条裂隙的模型波场快照

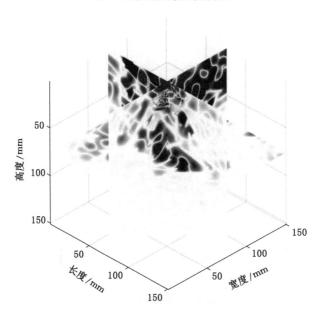

（e）500条裂隙的模型波场快照

图 6-7 （续）

图 6-7 展示的波场快照分别对应模型中包含裂隙的数量从 100 条增加到 500 条,在波场快照中能够清晰地观察到波在裂隙群中产生的多次散射,同时还可以看到在传播过程中由于裂隙的存在发生了强衰减,此外还可以看到波在散射过程中会产生频率更高的波。随着裂隙数量的增加,波的传播速度变慢,且波前变得越来越复杂,衰减变强,对应波形的频率也随之增大。

将由上述模型计算得到的超声波检测信号绘制在图 6-8 中,从图中可以观察到随着裂隙数量的增加,接收信号的振幅呈现减小趋势。然而,在实际工程中往往缺少对比数据,需要从单次检测记录提取更多的信息。

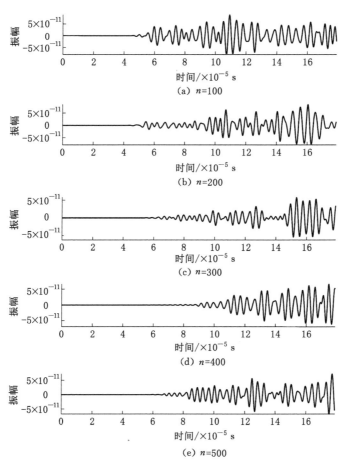

图 6-8　裂隙数量变化对应的超声波信号

对图 6-8 中的信号进行傅立叶变换，计算出相应的振幅谱，如图 6-9 所示。

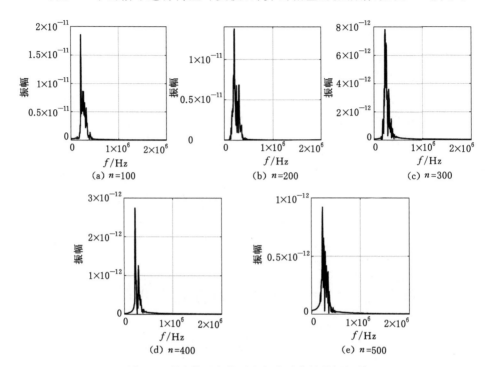

图 6-9　裂隙数量变化对应超声波信号的振幅谱

从图 6-9 可以看出：相比主频为 150 kHz 的震源信号，所有接收信号的频带宽度增大了，且主频大约增大了 50 kHz，都集中在 210 kHz 附近，且随着裂隙数量的增加，主频所对应的振幅降低。信号的主频与介质中异常体的特征尺寸有关，这一点将在后续裂隙长度变化部分进行系统讨论。

接下来讨论裂隙数量变化对超声波传播速度的影响。超声波速度 v 可以通过模型长度 L 除以初至到达时间 t 的方式来求取。将相同参数随机进行 5 次计算得到的速度绘制在图 6-10 中。

在图 6-10 中，钻石点代表计算得到的速度，将每一个裂隙数量对应的速度的平均值用直线连接起来，图中的阴影区域为均方误差。裂隙数量与速度的平均值呈非线性关系，并且随着裂隙数量的增加，阴影区域的宽度增大，表明随着裂隙数量的增加对应的超声波速度的波动范围变大了。

6.2.2　裂隙长度的影响

裂隙长度是评价裂隙的另一个重要参数，研究裂隙长度对超声波在混凝土

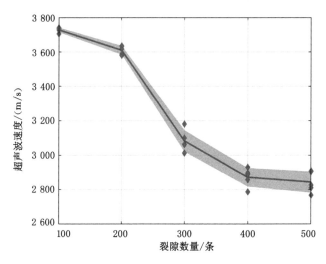

图 6-10 裂隙数量与超声波速度的关系曲线

中传播的响应规律可以为采用超声波检测技术识别裂隙提供依据。为了研究裂隙长度与超声波速度和振幅的关系,开展如下数值计算。裂隙开度固定为 3 mm(3 个网格),裂隙数量固定为 100。使平均裂隙长度 l 与模型边长 L 的比值 γ_l 由 0.25 开始按 0.05 的增幅逐步增大到 0.40,得到 4 个裂隙模型。图 6-7 展示了模型中的裂隙平均长度逐渐增大所对应的波场快照对比图。

图 6-12(a)至图 6-12(d)展示的波场快照分别对应模型中的裂隙平均长度与模型边长的比值从 0.25 增大到 0.40,在波场快照中能够清晰地观察到波在裂隙群中产生的多次散射,同时还可以看到波在传播过程中因裂隙而导致的强衰减以及波在散射过程中会产生频率更高的波。随着裂隙长度增大,波的传播速度变慢,且波前变得越来越复杂,衰减变强,对应波形的频率也随之增大。

将由上述模型计算得到的超声波检测信号绘制在图 6-12 中,从图中可以观察到随着裂隙长度增大,接收信号的振幅呈现减小趋势。然而在实际工程中往往缺少对比数据,需要从单次检测记录提取更多的信息。

对图 6-12 中的信号进行傅立叶变换,计算出相应的振幅谱,如图 6-13 所示。

由图 6-13 可以看出:相比震源信号,所有接收信号的频率有所增大,且随着裂隙长度增大,检测信号的主频呈现先降低后升高的趋势,当 γ_l 在[0.25,0.35]区间时,检测信号的主频与裂隙长度呈负相关关系,而当 $\gamma_l = 0.40$ 时,信号的主频升高了。说明前期裂隙长度增大,散射体的尺度增加导致信号频率降低,而当裂隙长度继续增大,裂隙之间出现了更多的交叉现象,交叉部位能产生更复杂的

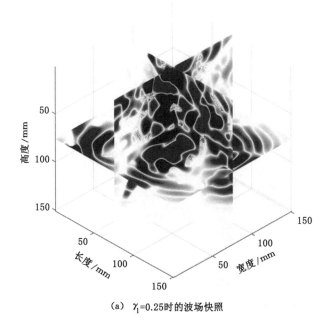

(a) $\gamma_1=0.25$时的波场快照

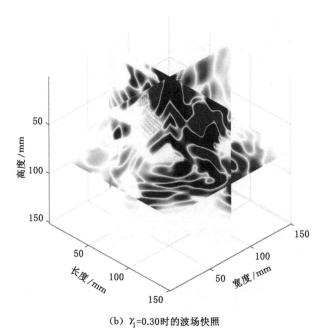

(b) $\gamma_1=0.30$时的波场快照

图 6-11　裂隙长度变化对应的波场快照(波传播时间为 0.037 ms)

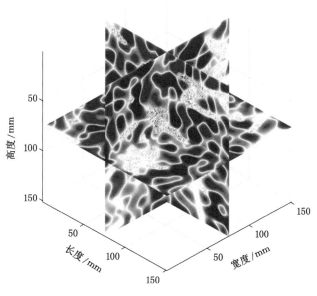

（c）$\gamma_1=0.35$时的波场快照

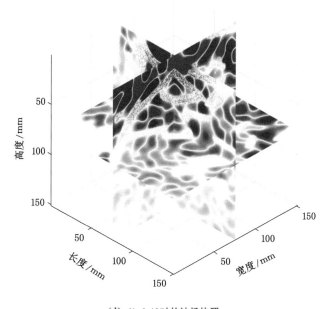

（d）$\gamma_1=0.40$时的波场快照

图 6-11　（续）

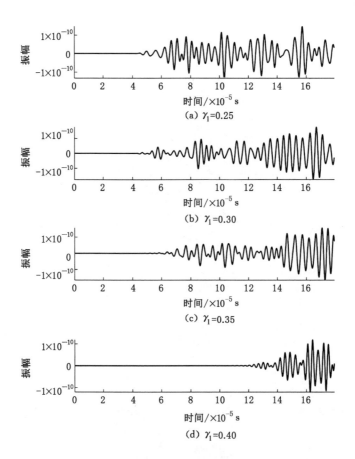

图 6-12　裂隙长度变化对应的超声波信号

散射现象,且相比单一裂隙,这些交叉处可视为尺寸更小的散射体。裂隙长度增大的同时,这些小散射体所占比例就越大,在超声检测信号中则表现出频率上升现象。

接下来讨论裂隙长度变化对超声波传播速度的影响。超声波速度 v 可以按模型长度 L 除以初至到达时间 t 求得。将相同参数随机计算 5 次得到的速度绘制在图 6-14 中。

在图 6-14 中,钻石点代表计算得到的速度,将每一个 γ_1 对应的速度的平均值用直线连接起来,图中的阴影区域为均方误差。γ_1 与速度的平均值呈非线性关系,并且随着裂隙长度增大,阴影区域的宽度先增大后减小,表明随着裂隙长度增大,对应的超声波速度的波动范围先变大后变小。

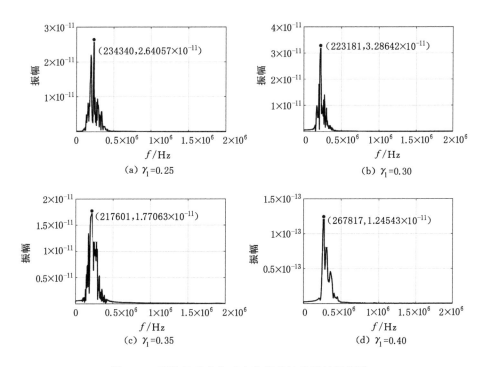

图 6-13 裂隙长度变化对应的超声波信号的振幅谱

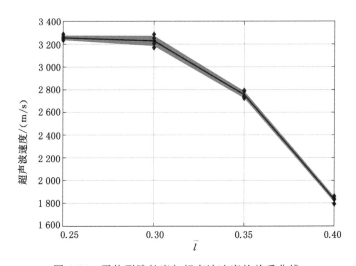

图 6-14 平均裂隙长度与超声波速度的关系曲线

6.2.3 裂隙开度的影响

为了研究裂隙开度与超声波速度和振幅的关系,将平均裂隙长度 l 与模型边长 L 的比值 γ_1 固定为 0.35,裂隙数量固定为 200 条。使裂隙开度由 1 mm(1个网格)开始按 1 mm 的增幅逐步增加到 3 mm,得到 3 个裂隙模型。图 6-15 展示了模型中的裂隙开度逐渐增大所对应的波场快照对比图。

图 6-15(a)至图 6-15(c)展示的波场快照分别对应模型中的裂隙开度从 1 mm 增大到 3 mm,在波场快照中能够清晰地观察到波在裂隙群中产生的多次散射,同时还可以看到波在传播过程中由于裂隙的存在而发生强衰减,此外还看到波在散射过程中会产生频率更高的波。随着裂隙开度增大,波的传播速度降低,且波前的纹理变得越来越复杂,衰减增强。

将按上述模型计算得到的超声波检测信号绘制在图 6-16 中,从图中可以观察到随着裂隙长度增大,接收信号的振幅呈现减小趋势。然而在实际工程中往往缺少对比数据,需要从单次检测记录提取更多的信息。

对图 6-16 中的信号进行傅立叶变换,计算得到相应的振幅谱,如图 6-17 所示。

从图 6-17 可以看出:相比震源信号,所有接收信号的频率有所增大,且随着裂隙长度增大,检测信号的主频呈现出先降低后升高的趋势,δ 由 1 mm 增大到 3 mm 过程中,检测信号的主频与裂隙开度呈正相关关系,且主频增大速率有所降低。说明前期裂隙开度增大,裂隙介质的非均质性增强导致信号频率升高,而当裂隙开度继续增大,由裂隙产生的非均质性有所降低,在超声检测信号中则表现出频率上升速率减小的现象。

接下来讨论裂隙长度变化对超声波传播速度的影响。超声波速度 v 可以通过模型长度 L 除以初至到达时间 t 的方式来求得。将相同参数随机计算 5 次得到的速度绘制在图 6-18 中。

在图 6-18 中,钻石点代表计算得到的速度值,将每一个 γ_1 对应的速度值的平均值用直线连接起来,图中的阴影区域为均方误差。裂隙开度与速度的平均值呈非线性关系,并且随着裂隙长度增大,阴影区域的宽度几乎保持不变,表明随着裂隙开度增大,对应的超声波速度的波动范围变化不大。

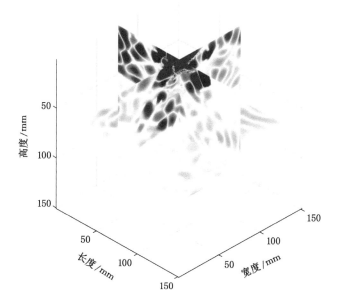

（a）裂隙开度为1 mm模型的波场快照

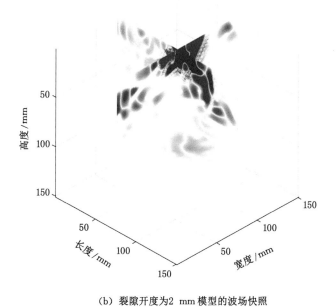

（b）裂隙开度为2 mm模型的波场快照

图 6-15　裂隙开度变化对应的波场快照（波传播时间为 0.037 ms）

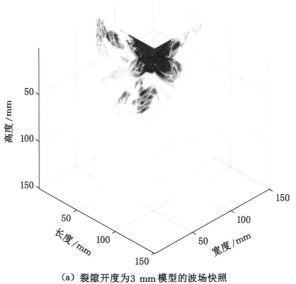

（a）裂隙开度为3 mm模型的波场快照

图 6-15 （续）

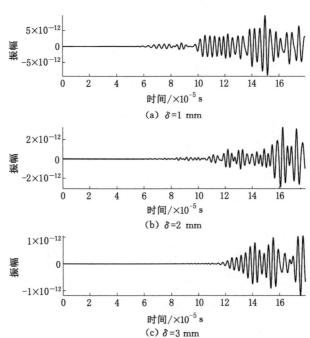

（a）δ=1 mm

（b）δ=2 mm

（c）δ=3 mm

图 6-16 裂隙开度变化对应的超声波信号

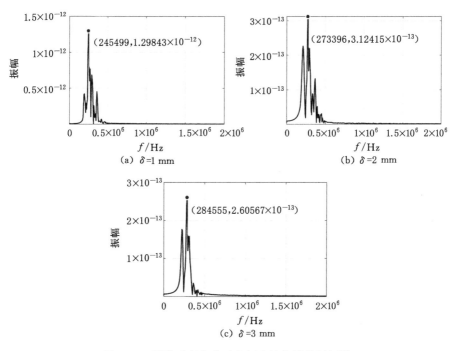

(a) $\delta = 1$ mm　　　　　　(b) $\delta = 2$ mm

(c) $\delta = 3$ mm

图 6-17　裂隙开度变化对应超声波信号的振幅谱

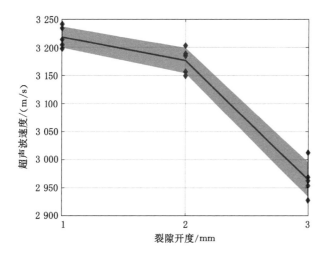

图 6-18　裂隙开度与超声波速度的关系曲线

6.3 粗骨料超声波时频衰减特征

由 3.2 节中展示的结果可以看出超声波速度和振幅与裂隙数量、长度和开度的关系不足以实现定量表征,特别是在被测物体在速度和振幅特征上差异很小的情况下,需要从更深层次探索混凝土内部结构参数对超声波传播的影响机制。本节以粗骨料为研究对象,通过将超声检测信号的衰减在时频域同时展开,试图利用能量的衰减从本质上揭示超声波传播特征。

6.3.1 时频衰减分析方法

本小节主要通过模拟获得的波形开展时频域的衰减分析来获得时频域的衰减剖面。地震衰减剖面(seismic attenuation profiling,SAP)是一种根据地震反射数据对地震衰减结构成像的技术。该方法不需要连续反射,在火山岩和多断层带等反射较弱地区的地球物理成像或岩石性质估计中具有较好的应用效果。然而,目前通常采用频谱比法,需要均匀化局部异常值,这样会对分辨率造成影响,因此缺点是分辨率不高。在此基础上,提出将声波信号的衰减在时域和频域同时展开并用于对混凝土超声信号进行衰减分析。

平均 Q 值可以使用频谱比法计算[147]。给定频率 f,声波从 t_1 时刻到 t_2 时刻的衰减可以表示为:

$$A_{t_2}(f) = A_{t_1}(f) \exp\left[-\frac{\pi f(t_2 - t_1)}{Q}\right] \tag{6-36}$$

式中,A_{t_1},A_{t_2} 为时刻 t_1 和 t_2 的子波振幅谱。

从研究超声波衰减效应的角度出发,应事先消除几何扩散、散射、噪声等其他影响,然而实际上是不可能完全消除的,因此,本书计算的 Q 值为等效 Q,是非弹性吸收和表观衰减的总和。根据 Dasgupta 和 Clark 的理论[148],可以将信号在时间上的衰减写成:

$$A_{t_2}(f) = GRA_{t_1}(f) \exp\left[-\frac{\pi f(t_2 - t_1)}{Q}\right] \tag{6-37}$$

式中,G,R 为几何扩散和反射系数。

应用对数变换对两个时刻的频谱振幅进行比较:

$$\ln \frac{A_{t_2}(f)}{A_{t_1}(f)} = \frac{\pi(t_2 - t_1)}{Q}f + \ln(GR) \tag{6-38}$$

由于式(6-38)关于频率 f 线性,可通过比较两个时刻的振幅谱,然后由斜率计算出 Q 值。

时刻 t 的瞬时衰减可以用式(6-39)计算得到。

$$\frac{t_{\mathrm{w}}}{Q_{\mathrm{in},t}} = \frac{t}{\overline{Q}_t} - \frac{t-t_{\mathrm{w}}}{\overline{Q}_{t-t_{\mathrm{w}}}} \tag{6-39}$$

式中,$Q_{\mathrm{in},t}$ 为 t 时刻的瞬时 Q 值;t_{w} 为时窗;$\overline{Q}_t,\overline{Q}_{t-t_{\mathrm{w}}}$ 为信号最上部分到 t 和 t_{w} 之间的平均 Q 值。

提出将衰减 Q 的计算与时频分析相结合,实现衰减在时间域和频率域同时展开。短时傅立叶变换(short-time Fourier transform,STFT)被用于对超声信号的时频分析。STFT 是将较长的时间信号分割成等长的较短时间段,然后在每个时间段上分别计算傅立叶变换,文献[149]给出了 STFT 的离散数学表达式。设离散信号 $x(n)$ 在指定间隔的信号段为 $x_1(m)$,时间有限窗函数 $\omega(m)$ 可表示为:

$$x_1(m) = \omega(m) x(m + lH) \tag{6-40}$$

式中,m 为时间系数,$m \in \{1,\cdots,M\}$,相对于滑动提取窗口的开始的索引;M 为时窗的长度,$M \in \mathbb{N}$;$l \in \mathbb{N}$ 表示时窗的索引,$H \in \mathbb{N}$ 代表单次时间跳动大小,即以样本表示的从一个信号段到下一个信号段的时间提前。同时,计算每一个信号段 $x_1(m)$ 的离散傅立叶变换(DFT),局部双边谱可表示为:

$$\dot{X}(k,l) \triangleq \frac{1}{M}\sum_{m=1}^{K} x_l(m)\,\mathrm{e}^{-j2\pi\frac{mk}{K}} = \frac{1}{M}\sum_{m=1}^{K} \omega(m) x(m+lH)\,\mathrm{e}^{-j2\pi\frac{mk}{K}} \tag{6-41}$$

式中,k 为频率窗口索引,$k \in \{1,\cdots,K\}$;K 为 DFT 大小,$K \in \mathbb{N}$,通常 $K = M$。

$\dot{X}(k,l)$ 为信号 $x(n)$ 的 STFT,对应时间索引 lH 和频段 k 周围信号的局部时间和频率信息。如果采样频率表示为 f_{s},那么以上索引对应连续时间 $t = \frac{lH}{f_{\mathrm{s}}}$ 和线性频率 $f = \frac{kf_{\mathrm{s}}}{K}$。

瞬时衰减是将衰减曲线进一步在时域上展开得到同时具有时间和频率信息的衰减剖面,其计算步骤如下:

(1)计算超声波信号的瞬时频谱;

(2)利用频谱比法计算瞬时频谱上每一个时刻对应的平均衰减曲线;

(3)利用式(6-39)将与频率相关的衰减在时间上进一步展开得到瞬时衰减剖面。

6.3.2 粗骨料超声波响应数值模拟实施方案

当混凝土中的粗骨料体积比相近而粒径和形状却有很大差异时,超声波速度和振幅所表现出来的差异会很小,接下来从时频域衰减的角度讨论粗骨料粒径和球形度对超声波传播的影响。

混凝土中粗骨料的级配曲线是用于表征能通过相应大小筛孔的累计百分比,与粗骨料的粒径分布均为描述粒径特征的方式,二者可以相互等价转换。为了方便模拟过程参数读取,使用粒径分布作为混凝土数字样本生成过程中粗骨料尺寸控制的参数。为了研究粗骨料级配和几何形状对超声波传播的影响规律,将混凝土材料简化为骨料和水泥浆体两相模型,砂浆与粗骨料的弹性参数见表 6-3,分别在长、宽、高均为 60 cm 的正方体混凝土模型中嵌入第 2 章第 2 节构建的 4 个平均粒径、4 个球形度共 16 种参数组合的粗骨料模型,得到 16 个混凝土数值模型。然后分别在模型的顶、底中心布置震源和接收器。图 6-19 给出了其中一个模型及超声波模拟试验的设置图。

表 6-3　混凝土各组分弹性参数

弹性参数	砂浆	骨料
$v_p/(m/s)$	3 840.0	5 110
$\rho/(kg/m^3)$	2 010.0	3 130

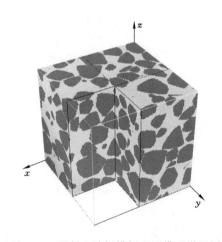

图 6-19　混凝土波场模拟观测模型设置图

背景为均匀的水泥(浅灰色),粗骨料(深灰色)在示意图中随机分布。震源位于模型上表面的中心位置,接收器位于模型的底部中心位置。计算模型尺寸在 x 轴、y 轴和 z 轴方向上均为 60 cm。

6.3.3　超声波场的计算结果

图 6-20 展示了在 103.52 μs 时刻不同粒径分布和球形度组合的混凝土模型对应的波场快照,整体上可以观察到由于粗骨料的存在,波场快照中的波前

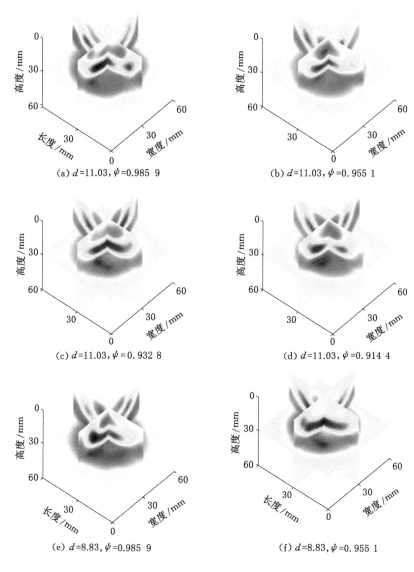

(a) d=11.03, ψ=0.985 9

(b) d=11.03, ψ=0.955 1

(c) d=11.03, ψ=0.932 8

(d) d=11.03, ψ=0.914 4

(e) d=8.83, ψ=0.985 9

(f) d=8.83, ψ=0.955 1

图 6-20　在不同粒径分布和球形度骨料颗粒组合的
混凝土模型中 103.52 μs 时刻的超声波场快照

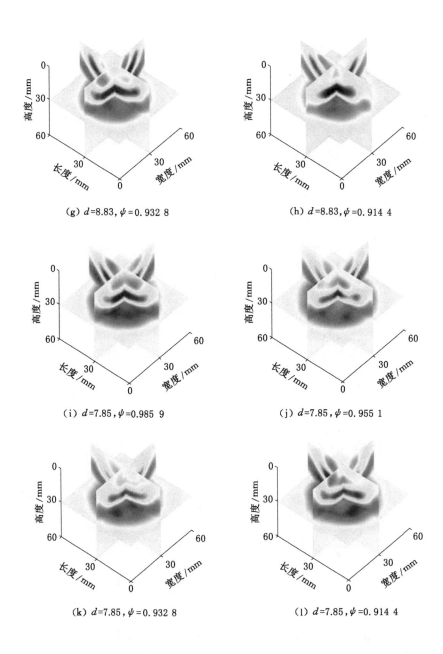

（g）d=8.83，ψ=0.932 8

（h）d=8.83，ψ=0.914 4

（i）d=7.85，ψ=0.985 9

（j）d=7.85，ψ=0.955 1

（k）d=7.85，ψ=0.932 8

（l）d=7.85，ψ=0.914 4

图 6-20 （续）

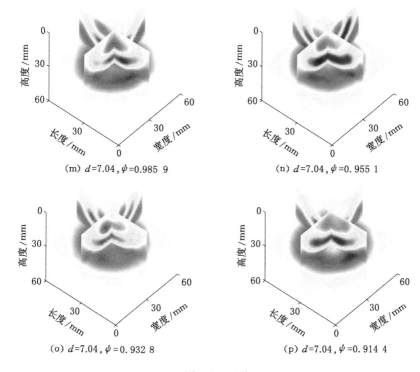

(m) $d=7.04, \psi=0.985\ 9$　　　　(n) $d=7.04, \psi=0.955\ 1$

(o) $d=7.04, \psi=0.932\ 8$　　　　(p) $d=7.04, \psi=0.914\ 4$

图 6-20　（续）

发生了扭曲变形,说明超声波在传播过程中产生了明显的散射现象。离震源越远超声波振幅越小,这是几何扩散衰减和散射吸收共同作用的结果。纵向对比第一列波场图可以发现当球形度固定为 0.985 9 时,随着粗骨料粒径由 11.03 cm 逐渐减小至 7.04 cm 的过程中,快照中的主要能量对应的波前位置差异不大,整体能量有所降低,但是在主能量波之前出现首波能量逐渐增大,说明随着骨料粒径变小数量增大,波在传播过程中发生散射的概率增大了,整体上表现为散射波的能量增加了。横向对比发现:随着球形度降低,混凝土模型在空间上体现出来的复杂性有所增强,即球形度越接近 1,骨料颗粒的形状都近似球体,整体形状相对简单,而当球形度减小,骨料颗粒的形状变得非规则且变化范围增大,整体上形状相对复杂。在波场快照中很难观察到球形度变化引起的波场变化。

图 6-21 展示了不同粗骨料粒径分布和球形度混凝土模型对应的超声波形图,粗骨料球形度和平均粒径绘制在图右侧,如 m11.03_0.9859 表示该波形对应模型的粗骨料粒径和球形度分别为 11.03 cm 和 0.985 9。图 6-21 展

示了粗骨料粒径能影响检测信号的振幅。在骨料含量一定的情况下,粒径越小,信号振幅越小。然而所有的信号记录对应的初至时间均在 170 μs 附近,对应的波速约为 3 534 m/s,因此,仅根据超声波速度无法区分粗骨料球形度和粒径。

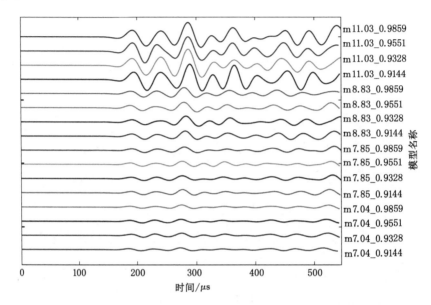

图 6-21　不同粗骨料粒径分布和球形度混凝土模型对应的波形图

6.3.4　瞬时衰减计算结果

结合频谱比法和 STFT 可对图 6-21 的波形进行瞬时衰减分析,图 6-22 给出了 4 个平均粒径、4 个平均球形度的粗骨料共 16 种参数组合的混凝土模型的瞬时衰减计算结果。

由图 6-22 可以看出:随着骨料颗粒粒径的减小,衰减的高频部分的最高频率升高且范围逐渐扩大,这主要是骨料的平均粒径变小,散射体尺寸变小,超声波发生散射的特征频率增大导致的。同时,随着骨料球形度减小,衰减在 5×10^{-4} s 之后增强,且骨料粒径越小这种增强趋势越明显,分析认为后期衰减主要是尾波的衰减,球形度降低,整体骨料的空间复杂程度增大,混凝土的非均质性增强,尾波衰减增强,但是单个散射体尺寸变化不大,因此前期衰减趋势变化不大,因为尾波具有放大差异的能力。由此可以看出:瞬时衰减剖面可以从本质上解释粗骨料对超声波传播的影响机制。

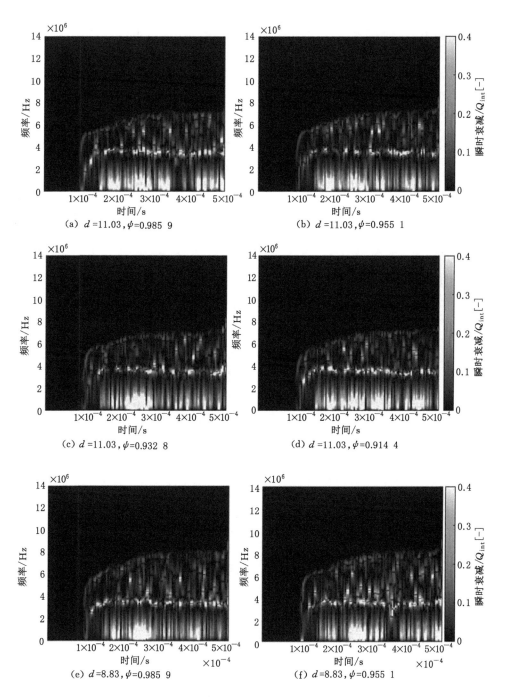

图 6-22　不同粒径分布和球形度骨料的混凝土的超声波衰减

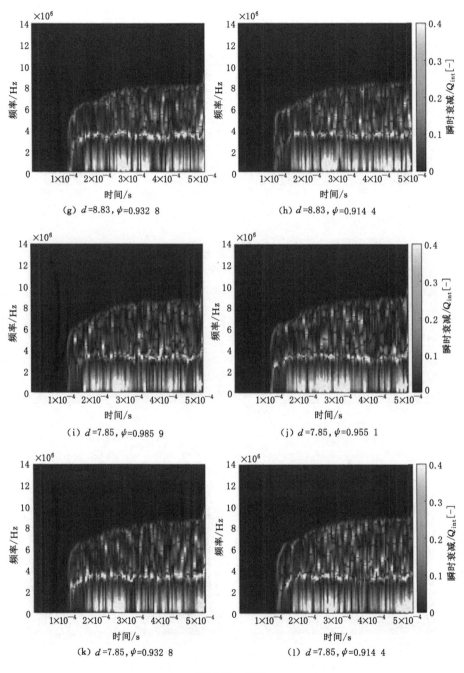

(g) d=8.83, ψ=0.932 8

(h) d=8.83, ψ=0.914 4

(i) d=7.85, ψ=0.985 9

(j) d=7.85, ψ=0.955 1

(k) d=7.85, ψ=0.932 8

(l) d=7.85, ψ=0.914 4

图 6-22 （续）

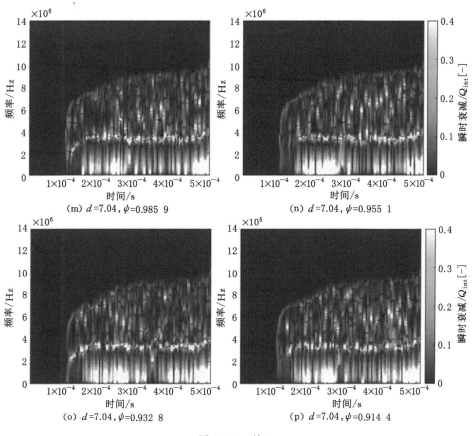

(m) d=7.04, ψ=0.985 9

(n) d=7.04, ψ=0.955 1

(o) d=7.04, ψ=0.932 8

(p) d=7.04, ψ=0.914 4

图 6-22　（续）

6.4　混凝土损伤的超声波衰减物理试验研究

在实际应用中,混凝土的超声检测信号包含粗骨料和裂隙信息,需要将二者对超声波信号的影响分开,试验所用的试样为 5 cm×10 cm 的圆柱形标准混凝土试件。该试样在单轴压缩的条件下直至破坏,图 6-23 展示了破坏前、后的混凝土。分别在试样破坏前、后开展了超声波透射测试。图 6-24 展示了混凝土试样的高分辨率三维 X 射线 CT 成像结果,图中深灰色部分为粗骨料,浅灰色部分为砂浆,另外存在很小部分黑色区域和白色区域,分别为浇筑过程中产生的孔洞和少量杂质。

分别使用主频为 50 kHz、100 kHz、200 kHz 的正弦波,试样破坏前、后超声

(a)   (b)

图 6-23　混凝土试样破坏前、后对比

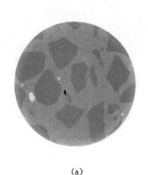

(a)   (b)

图 6-24　混凝土试样三维 X 射线 CT 成像结果

波检测结果如图 6-25 所示。由检测数据可以明显看到：试样破坏后检测到的波形振幅和速度明显降低，而且信号多了很多"毛刺"，即出现了高频成分的波，然而仅从波形难以解释试样内部结构发生的变化，并且无法准确区分高频信号和噪声干扰。

　　计算上述信号的瞬时衰减剖面，结果如图 6-26 所示。衰减剖面在频率上整体可以分为低频和高频两个部分，低频部分是非均质体与砂浆之间的整体差异导致的，而高频部分反映了非均质体之间的差异[150]。随着检测频率升高，时间轴后半段的衰减越来越明显，后期的信号为超声尾波，因此检测信号的频率越高，尾波的衰减现象越明显。此外，对比破坏前、后的衰减剖面，还可以观察到破坏后的高频衰减剖面对应的特征频率段比破坏前的多，多出来的频率段比之前的频率段高，分析认为这是破坏后产生裂隙导致的衰减。

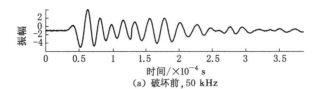

（a）破坏前，50 kHz

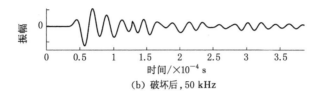

（b）破坏后，50 kHz

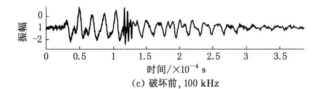

（c）破坏前，100 kHz

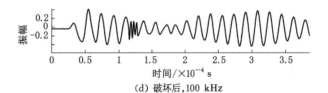

（d）破坏后，100 kHz

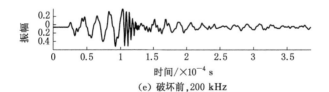

（e）破坏前，200 kHz

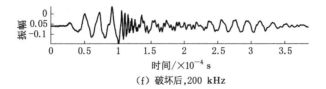

（f）破坏后，200 kHz

图 6-25　混凝土试样破坏前、后超声波检测信号对比

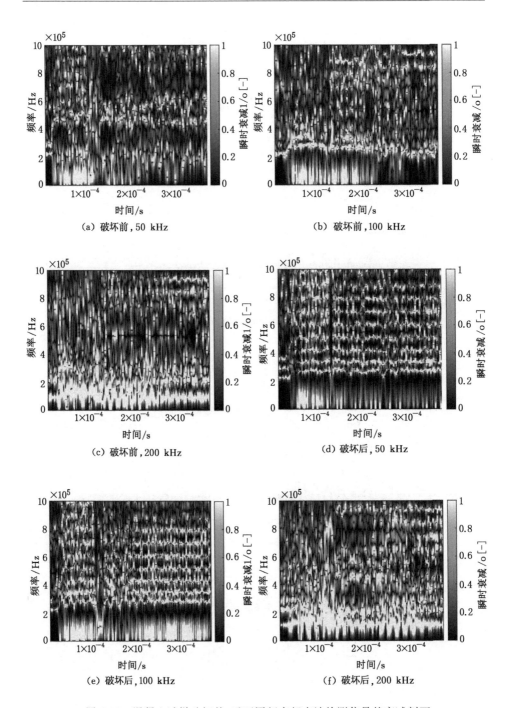

图 6-26　混凝土试样破坏前、后不同频率超声波检测信号的衰减剖面

6.5 本章小结

通过开展混凝土超声波场模拟和物理实测,在对超声波检测信号进行传统的振幅和速度分析之后提出了瞬时衰减分析方法,并阐述了混凝土中裂隙和粗骨料等非均质体对超声波传播的影响,主要结论如下:

(1)系统性地研究了裂隙数量、长度分布、开度对超声波传播速度和振幅的影响规律。研究发现:随着裂隙数量、开度、长度增加,均会导致波的传播速度变慢,且波前变得越来越复杂,衰减变强。通过5次相同参数组合的模型算例发现裂隙参数与速度的平均值呈非线性关系。随着裂隙数量的增加,超声波速度的波动范围变大,而裂隙长度增加对应的超声波速度的波动范围是先变大后变小,裂隙开度增大对超声波速度波动范围的影响变化不大。

(2)通过对模拟获得的波形开展时频域的衰减分析获得时频域的衰减剖面。随着骨料颗粒的粒径减小,衰减的高频部分的最高频率升高且范围逐渐扩大,主要是骨料的平均粒径变小,散射体尺寸变小,超声波发生散射的特征频率增大导致的。同时,随着骨料球形度减小,衰减在 5×10^{-4} s 之后增强,且骨料粒径越小,这种增强趋势越明显,分析认为后期衰减主要是尾波的衰减,球形度降低,整体骨料的空间复杂程度提高,混凝土的非均质性增强,尾波衰减增强,但是单个散射体尺寸变化不大,因此前期衰减趋势变化不大,因为尾波具有放大差异的能力。

(3)开展了混凝土损伤前、后3种频率的超声波测试试验,并分析了对应信号的瞬时衰减特征。衰减剖面在频率上整体可以分为低频和高频两个部分,低频部分由非均质体与砂浆之间的整体差异导致的,而高频部分反映了非均质体之间的差异。对比破坏前、后的衰减剖面还可以观察到破坏后的高频衰减剖面对应的特征频率段比破坏前多,多出来的频率段都比之前的频率段高,分析认为这是破坏后产生的裂隙导致的衰减。

7 混凝土典型缺陷的超声波检测技术研究

脉冲回波法在被测介质单面可接触时即可实现对内部结构探测,并且可以有效测量介质厚度,因此有着更广泛的工程应用场景。但是,该方法超声波传播距离更远(双程传播),传播路径复杂,对回波信噪比要求高。根据前面的研究成果,由于混凝土的随机性对超声波有着强烈的衰减作用,并且在骨料上的反射、散射作用,超声波在混凝土内传播过程中伴随有强烈的"结构噪声"。在此背景下,回波信号信噪比低,混凝土结构损伤类型、产状多样,带有损伤信息的有效反射信号同背景噪声混叠畸变,难以识别。混凝土检测常用频带范围内的超声波指向性差,反射面在波场中的响应特征通常为双曲线,缺陷的空间位置和形状信息提取困难。为此,有必要从超声波的分辨率(频率)出发,研究混凝土随机非均匀性作用下典型工程缺陷的超声波场响应特征,从随机扰动超声波场中提取缺陷的位置和尺寸信息。

本章以预制典型损伤(层间脱空、空洞、裂缝)的混凝土结构为研究对象,根据第 3 章超声波在不同配合比混凝土中传播特征的研究成果,结合第 5 章中提出的离散随机骨料模型重建算法,考虑随机分布的骨料对超声波的衰减作用,研究混凝土典型损伤在超声波场中的响应特征和变化规律。针对检测数据信噪比低,提出利用合成孔径聚焦算法对检测数据进行成像处理,获取缺陷在数据剖面中的图像特征,为混凝土结构超声波无损检测提供可靠指导,辅助处理和解释检测信号,实现对混凝土定量精细解释具有重要的指导意义。

7.1 含不同缺陷的随机骨料模型

为了获得混凝土典型损伤在超声波场中的响应特征以及异常体信号的传播路径,采用第 5 章提出的混凝土离散随机骨料结构重建方法,建立了包含混凝土典型损伤的混凝土随机骨料模型,模型的空间大小为 400 mm × 400 mm,骨料最大粒径约为 25 mm,骨料的体积占比为 0.45。空间网格间隔为 $\Delta x = \Delta z =$

1 mm,从超声波抗衰减和高分辨率角度考虑,超声波震源分别采用中心频率为50 kHz 和 100 kHz 的雷克子波,时间网格步长 $\Delta t = 0.05~\mu s$。按照超声脉冲回波的观测方式,在模型一侧布设测线,测点间距 $dx = 5$ mm。

空洞是混凝土结构中常见的缺陷,多数是振捣不充分、填充不密实导致的,简单起见,将空洞缺陷设置为球形,空洞缺陷大小不同的混凝土速度模型如图7-1所示,空洞位于模型的中心位置,大空洞的直径为 40 mm,小空洞的直径为20 mm,内部由空气填充。

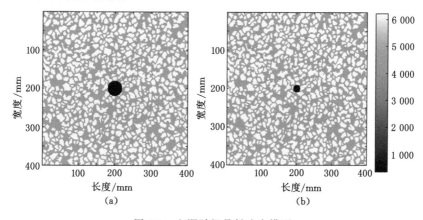

图 7-1　空洞随机骨料速度模型

层间脱空是板状混凝土结构中常见的损伤,不及时处理会引起断角、断板等危害。模型如图7-2所示,模型上部区域为混凝土介质,厚度为 200 mm,下部为均匀介质,混凝土和均匀介质分界面处有一长 60 mm、宽 5 mm 的脱空区域,内部由空气填充。

根据实际情况分别设计了表面垂直裂缝和内部倾斜裂缝两种缺陷,速度模型如图7-3所示。其中表面裂缝位于模型正中央,其顶端呈出露状态,裂缝长度为 100 mm、宽度为 5 mm,裂缝填充有空气介质。斜裂缝顶端距离观测面的深度为 150 mm,裂缝底端距离观测面的深度为 250 mm,裂缝倾斜角度为 45°,裂缝宽度为 5 mm,裂缝填充有空气。

混凝土模型各组分材料的声学参数见表7-1,需要注意的是,相邻网格介质的属性参数相差过大,会导致差分计算的结果无法正确表达原微分方程,造成差分算法不稳定,为此需要对声学参数进行平滑处理,缓解相邻介质声学参数的突变[151],为了解决该问题,采用密士文[14] 的方法,将空气的密度调整为 1 200 km/m³。

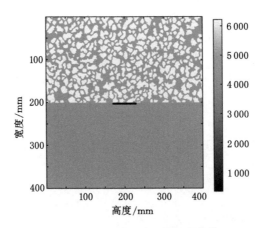

图 7-2　层间脱空随机骨料速度模型

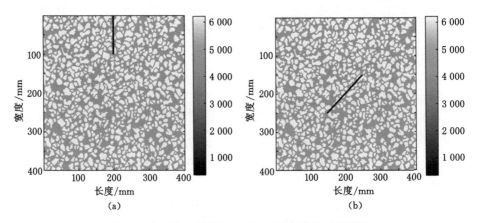

图 7-3　表面垂直裂缝和倾斜裂缝随机骨料速度模型

表 7-1　模拟所用组分材料的声学参数

组分材料	速度/(m/s)	密度/(kg/m³)	品质因子
骨料	6 217	2 760	255
水泥砂浆	4 320	2 073	40
空气	340	1 200	40
均匀介质	4 000	2 000	200

7.2　典型缺陷的超声波场特征分析

常用的超声波数据采集方式有 A 扫模式和 B 扫模式,在混凝土强衰减和结构噪声叠加干扰双重作用下,A 扫模式很难对其内部结构有良好的显示效果,因此该模式在含粗骨料的混凝土结构检测中较少应用[152]。B 扫模式包括单点激发多点接收、自激自收等模式等,在数据剖面中缺陷信号呈规律性分布,相比背景噪声有清晰的辨识度,因此,本节主要采用 B 扫模式探究典型缺陷的波场特征。

7.2.1　空洞超声波场特征分析

波场快照可以直观显示波形在空间中的分布变化,将激发点设置在 $(0, 200)$,向图 7-1(a)所示空洞直径 $d = 40$ mm 的混凝土模型内部分别发射中心频率为 50 kHz 和 100 kHz 的超声波,得到的波场快照如图 7-4 所示。由图 7-4 可以看出:(1) 由于骨料的反射和散射作用,导致超声波场在向外扩散过程中伴随有结构噪声,并且超声波频率越高,背景越嘈杂;(2) 50 kHz 超声波波前信号的振动范围宽于 100 kHz 超声波波前信号,这对应了超声波的频率越高,超声波的波长越短,信号的空间分辨率越高;(3) 当超声波经过空洞时,一部分能量发生绕射,继续向前传播,一部分能量发生反射,其中 50 kHz 超声波的反射波相对较完整,100 kHz 反射波能量分散。(4) 反射波与波场中的背景噪声相互叠加,以及受传播路径上不均匀分布的骨料影响,反射波振幅高低不平,能量分布不均匀。

图 7-5 所示为单点激发多点接收示意图,空洞上方距离观测界面的深度为 h,激发点到某接收点的水平距离为 x,超声波在介质中传播速度为 v,根据空间几何关系可以估算出超声波由激发点经缺陷反射后传播至接收点的时间 t,即式(7-1),可以看出时间 t 和收发距离 x 呈双曲线关系。

$$t \approx \frac{\sqrt{x^2 + h^2}}{v} + \frac{h}{v} \tag{7-1}$$

获得单点激发记录,如图 7-6 所示,从图中可以观察到许多骨料散射波,100 kHz 超声波记录中尤为明显。除直达波外,还可以观察到较为明显的双曲线反射波,其中 50 kHz 的反射波较为完整,而 100 kHz 超声波记录中,空洞反射波范围较小,两侧反射波能量衰减严重,且存在一定程度的多次振荡。

$d = 40$ mm 空洞模型自激自收剖面如图 7-7 所示,其中 50 kHz 超声波剖面中空洞反射波波形相比背景噪声能量强,显示清晰完整,呈双曲线形状。因为高频超声波的波长小,分辨率高,100 kHz 超声波对骨料更加敏感,在其剖面中可

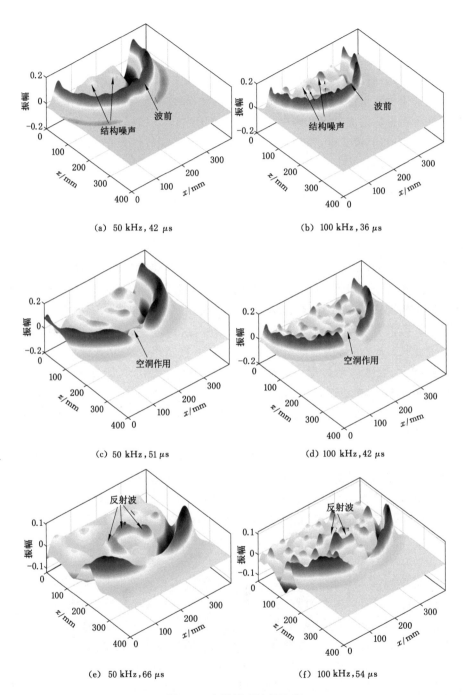

(a) 50 kHz,42 μs   (b) 100 kHz,36 μs

(c) 50 kHz,51 μs   (d) 100 kHz,42 μs

(e) 50 kHz,66 μs   (f) 100 kHz,54 μs

图 7-4　空洞模型波场快照

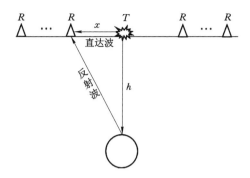

图 7-5 空洞缺陷单点激发多点接收示意图

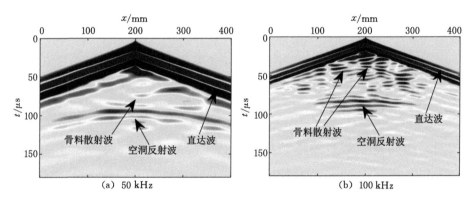

图 7-6 空洞单点激发多点接收记录

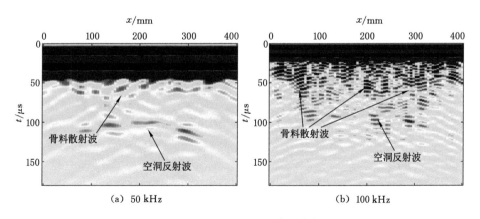

图 7-7 $d = 40$ mm 空洞缺陷超声剖面图

以观察到更多小规模的散射波或者反射波,致使超声波能量衰减,同时与空洞缺陷反射波叠加造成畸变,空洞反射波波形断断续续,不完整,难以有效识别。

图 7-8 为 $d = 20$ mm 空洞模型自激自收剖面,对比图 7-7 可以看出:在 50 kHz 超声剖面中,反射波的能量相对减少,波形基本相同;100 kHz 剖面中骨料散射依旧,而空洞反射波十分微弱,几乎无法有效识别。

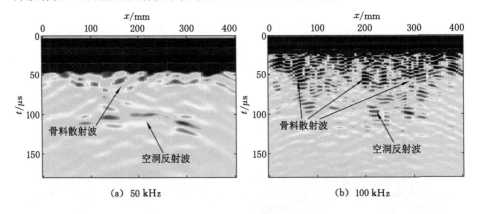

(a) 50 kHz (b) 100 kHz

图 7-8 $d = 20$ mm 空洞缺陷超声剖面图

7.2.2 层间脱空超声波场特征分析

激发点位于 $x = 200$ mm 处,超声波频率为 100 kHz 的层间脱空波场快照如图 7-9 所示,由于混凝土下层均匀介质声阻抗参数较混凝土相差不大,因此超声波反射不明显,而层间脱空缺陷内填充空气,与混凝土介质的声阻抗差异很大,并且横向尺寸较大,因此反射波能量较强。

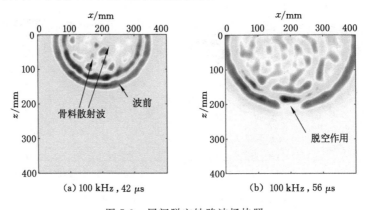

(a) 100 kHz, 42 μs (b) 100 kHz, 56 μs

图 7-9 层间脱空缺陷波场快照

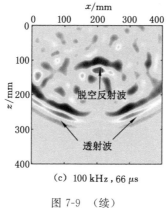

(c) 100 kHz，66 μs

图 7-9 （续）

    层间脱空的单点激发多点接收示意图如图 7-10 所示，根据空间几何关系，传播时间 t 和收发距离 x 的关系如式(7-2)所示，虽然与空洞反射波的时间和深度的函数关系略有不同，但是层间脱空反射波传播时间 t 和收发距离 x 也是双曲线关系。

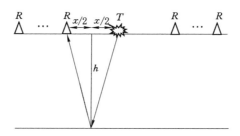

图 7-10　层间脱空单点激发多点接收示意图

$$t = \frac{\sqrt{x^2 + 4h^2}}{v} \tag{7-2}$$

    单点激发多点接收记录如图 7-11 所示，对比空洞单点激发记录，层间脱空的反射波相对较为平坦，不存在明显的反射波多次振荡。总体而言，此种情形下空洞和层间脱空反射波却不明显，据此还不能准确推断缺陷的类型和形状。

    自激自收数据剖面如图 7-12 所示，虽然骨料对 100 kHz 超声波的影响依然比较大，但是因为反射波能量足够强，层间脱空的反射波也清晰可见，高频超声波有着更高的分辨率，对缺陷空间位置信息的描述更加准确。反射波的形状与缺陷界面一致，为水平反射波。

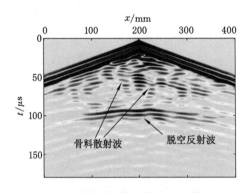

图 7-11　层间脱空单点激发多点接收记录

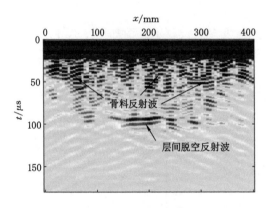

图 7-12　层间脱空超声波剖面图

7.2.3　表面垂直裂缝超声波场特征分析

激发点位于 100 mm 处的波场快照如图 7-13 所示,从图 7-13 可以看出:裂缝遮挡了超声波向右的传播路径,几乎没有明显的直达波透过裂缝,随着超声波的继续传播,在裂缝尖灭点位置处产生能量微弱的绕射波。在裂缝界面产生反射波,反射波主要向裂缝左侧传播,而靠近右侧的记录点只能接收到由反射波引起的绕射波。

单点激发多点接收记录如图 7-13 所示,裂缝反射波向左传播,因此在右侧记录中没有裂缝的反射波信号。裂缝反射波与直达波相接,呈斜线形,其斜率等于介质的波速。图 7-13(a)和图 7-13(c)中由于裂缝的阻挡作用,裂缝左侧直达波连续、能量强,右侧(200 mm 之后)接收点有很弱的信号,均衡后如图 7-13(b)和图 7-13(d)所示,裂缝位置和右侧信号得到突出显示,右侧的直达波并不是波前振动信号,而是绕射波信号,绕射波的传播路径较同方向上直达波路径长,因此在时间轴上表现为错断下移。另外,还能观测到裂缝内的多次反射信号。

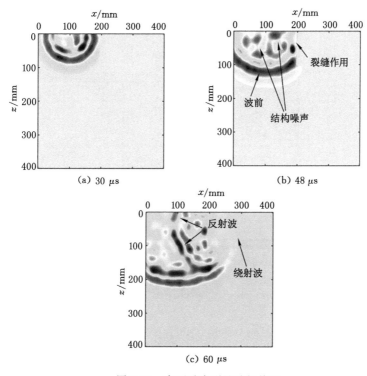

图 7-13　表面垂直裂缝波场快照

自激自收数据剖面图如图 7-15 所示,因为在实际测量中不可能在裂缝处接收到数据,因此将对应位置接收点的信号归零,从剖面图中可以看出垂直裂缝呈"八"字形,并且一直延伸到剖面顶端。在记录剖面上还伴有多次波产生。

7.2.4　斜裂缝超声波场特征分析

将激发点分别置于 $x = 100$ mm 和 $x = 300$ mm 处,获得波场快照,如图 7-16 所示,从图中可以看出裂缝将波前信号一分为二,100 kHz 反射波波形间断不连续,信噪比很低。

当激发点位于 100 mm 处,超声波传播至斜裂缝时,在裂缝作用下,产生两个方向的回波信号,超声波在裂缝面发生反射,反射波能量较强,向左侧传播;在裂缝尖灭点处发生绕射,绕射波能量少,主要向右侧传播。当激发点位于

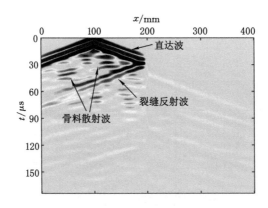

图 7-14   出露裂缝单点激发多点接收记录

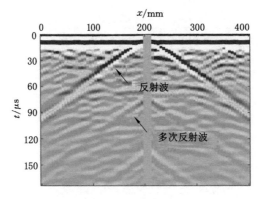

图 7-15   表面裂缝超声波剖面

300 mm 处,裂缝对波前信号作用范围小,反射波能量微弱,反射波在背景噪声中难以被有效识别。

斜裂缝缺陷混凝土模型的单点激发多点接收记录如图 7-17 所示,当激发点位于 $x=100$ mm 时,裂缝左侧的反射波相对清晰明显,而右侧观测不到明显的反射波信号。当激发点位于 $x=300$ mm 时,反射波能量微弱,在剖面中显示不明显。

自激自收数据剖面如图 7-18 所示,根据图 7-16 所示波场快照和单点激发记录图 7-17 可知裂缝反射波主要在左侧,右侧记录点接收到的回波信号能量较弱。

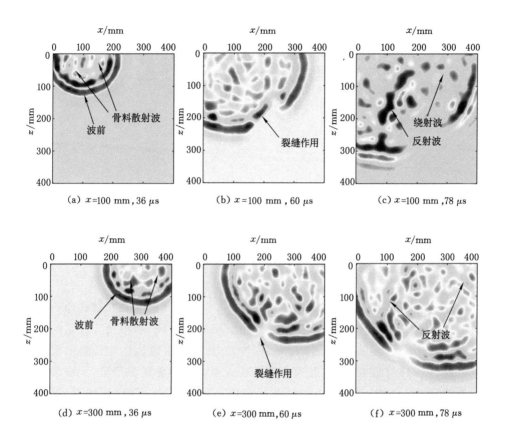

(a) x=100 mm, 36 μs   (b) x=100 mm, 60 μs   (c) x=100 mm, 78 μs

(d) x=300 mm, 36 μs   (e) x=300 mm, 60 μs   (f) x=300 mm, 78 μs

图 7-16　斜裂缝 100 kHz 波场快照

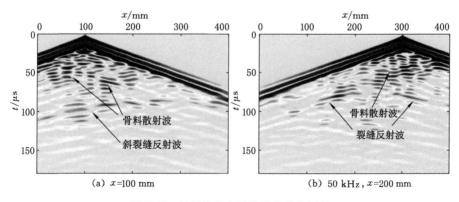

(a) x=100 mm   (b) 50 kHz, x=200 mm

图 7-17　斜裂缝单点激发多点接收记录

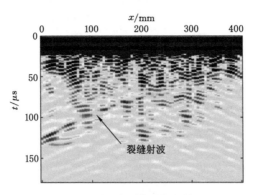

图 7-18　斜裂缝模型超声剖面

7.3　合成孔径聚焦技术

由上节的研究成果可知：50 kHz 的超声波受混凝土的衰减和结构噪声的影响较小，有效探测深度较大，但是其波长相对于缺陷过长，对小尺寸缺陷的检测能力有限；100 kHz 的超声波波长短，分辨能力强，甚至较大尺寸骨料的反射波也可以在 B 扫剖面中显示，但因此能量衰减和噪声混叠现象严重，无法准确识别深部异常反射波。另外，由于低频超声波指向性差，呈发散状（球面）向外传播，波前能量不集中，缺陷反射波分散在数据剖面中，呈抛物线形，难以判断缺陷的尺寸，横向分辨力低，为此引进了合成孔径聚焦技术进行数据成像。合成孔径聚焦成像是采用一定的数学方法，结合相应的超声波传播理论，令物体表面采集到的回波信号反向传播，消除超声波的传播效应，把反射波归位到产生它的反射面上去，进而重建更高分辨率的介质结构模型图像的过程。

7.3.1　道内动平衡处理

在对数据进行合成孔径聚焦之前，首先需要对数据进行预处理。由于混凝土对超声波强烈的衰减作用，来自深部的超声波反射信号能量十分微弱，而浅部反射波和沿介质表面传播的直达波信号衰减较小，不同深度信号振幅能量相差过大，往往会造成信息显示输出不均衡。以 $d=40$ mm 空洞缺陷的 100 kHz 检测数据为例［图 7-7(b)］，取 $x=200$ mm 处单道 A 扫数据，如图 7-19 所示，可以看出直达波信号能量很强，幅值在［－3,3］范围内，而深部的反射波信号能量较弱，幅值在－0.4～0.4 范围内，在单道信号时域波形中，在直达波振幅的尺度背景下，深部信号难以被识别。观察深部反射信号的区域发现，虽然深部信号得到了突出显示,但是浅部区域信号超出显示范围的部分只能按照显示范围的上限显示,限制了浅部信号的灵敏度,损失了部分信息。

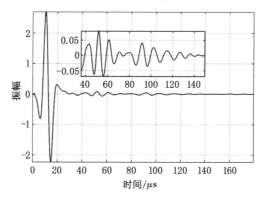

图 7-19 A 扫单道数据

为了使各反射层在剖面图中均匀显示,基本思想是对振幅强的波段按照一定的比例压缩,振幅小的波段按照一定的比例放大。常规动平衡算法是将长度为 N 的记录信号平均分成 K 段,每段采样点数为 M,各个点的振幅为 f_i,则各段内的平均振幅 $E_k(k=1,2,\cdots,K)$ 可以表示为:

$$E_k = \sum_{i=(k-1)M+1}^{kM} |f_i|/M \tag{7-3}$$

则每个点的加权系数可以表示为:

$$W_i = \frac{1}{CE_k} \tag{7-4}$$

式中,C 为均衡系数,由用户自行定义,用以控制振幅的范围。

均衡后的振幅 F_i 可以表示为:

$$F_i = f_i \cdot W_i \tag{7-5}$$

基于式(7-3),反射能量强的记录段因为平均振幅大,所以加权系数小;反之,反射能量弱的区段平均振幅小,加权系数大,这样加权后不同深度处的信号能量可以实现均衡显示。常规均衡方法原理简单、速度快,但是会导致相邻区段间隔点差异过大,造成假异常,为此提出一种改进的交错均衡方法。

以 i 点为中心,定义一个大小为 $2m+1$ 的窗口,计算窗口内的平均振幅。

$$E_i = \frac{1}{2m+1} \sum_{j=-m}^{m} |f_{i+j}| \tag{7-6}$$

则该点均衡后的振幅 F_i 可以表示为:

$$F_i = C \cdot f_i/E_i \tag{7-7}$$

继续滑动窗口,对 $i+1$ 点振幅进行均衡处理。用 $m=400$ 的窗口均衡后的结果如图 7-20 所示,深部的反射波得到了增强,直达波的振幅被压缩,对比图 7-7(b)原始数据剖面,深部反射波的能量得到很好的突出显示。

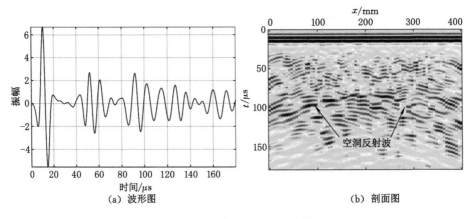

(a) 波形图   (b) 剖面图

图 7-20   道内均衡处理结果图

7.3.2   爆炸反射面成像

前面已经介绍,自激自收观测方式就是在检测区域以固定步长沿扫查方向布设测点,然后逐点采用单个超声换能器发射超声脉冲和接收并存储脉冲回波的过程,假设扫查方向上介质内存在一散射体,则在自激自收剖面中散射体的响应特征是一条双曲线,响应时间 $t=2r/v$,r 表示散射体到超声换能器的距离,v 表示介质波速,如图 7-21 所示。根据惠更斯原理,散射体可以视为一个波源,那么在介质表面各个测点依次激发接收记录到的数据集,可以等效为在 $t=0$ 时刻散射体发射脉冲波,并以等效波速 $v/2$ 传播至介质表面,被按照原测点位置排列的超声换能器接收,这样单个超声换能器逐点观测数据,可以视为一个大孔径阵列进行采集观测,该方法在地学中被称为爆炸反射面理论[153]。

假设 x 轴为水平坐标,z 轴为向下为正的垂直坐标,根据爆炸反射面理论,介质表面的记录剖面可以表示为 $p(x,z=0,t)$,那么在 $t=0$ 时刻反射界面产生的反射波就可以认为是反射面的图像,即 $p(x,z,t=0)$。

7.3.3   频率-波数域波场外推

二维标量波动方程的解写成平面波的形式:

$$p(x,z,t) \propto e^{i(k_x x + k_z z - wt)} \tag{7-8}$$

式中,k_x,k_z 为在 x 轴和 z 轴方向上的波数,与 w 的关系可以由频散关系给出:

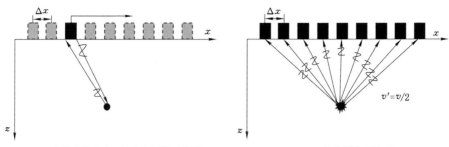

(a) 自激自收脉冲回波多点测量示意图　　　　(b) 等效爆炸反射面

图 7-21　自激自收脉冲回波多点测量示意图及其等效爆炸反射面

$$\frac{\omega^2}{(v/2)^2} = k_x^2 + k_z^2 \tag{7-9}$$

假设 $p(x,z,t)$ 与 $P(k_x,k_z,t)$ 互为傅立叶变换,则有:

$$p(x,z,t) = \frac{1}{4\pi^2} \int_{-\infty}^{\infty} dk_x \int_{-\infty}^{\infty} A(k_x,k_z) e^{i(wt-k_x x - k_z z)} dk_x dk_z \tag{7-10}$$

式中,$A(k_x,k_z)$ 为复振幅。

介质表面观测到的自激自收剖面 $p(x,z=0,t)$ 由式(7-10)可得:

$$p(x,z=0,t) = \frac{1}{4\pi^2} \int_{-\infty}^{\infty} dk_x \int_{-\infty}^{\infty} A(k_x,k_z) e^{i(wt-k_x x)} dk_x dk_z \tag{7-11}$$

设自激自收剖面 $p(x,z=0,t)$ 的傅立叶变换为 $B(k_x,w)$,则有:

$$B(k_x,\omega) = \int_{-\infty}^{\infty} dx \int_{-\infty}^{\infty} p(x,z=0,t) e^{-j(wt-k_x x)} dt \tag{7-12}$$

对式(7-12)进行傅立叶逆变换,则:

$$p(x,z=0,t) = \frac{1}{4\pi^2} \int_{-\infty}^{\infty} dk_x \int_{-\infty}^{\infty} B(k_x,\omega) e^{i(wt-k_x x)} d\omega \tag{7-13}$$

由式(7-11)和式(7-13)可知:

$$A(k_x,k_z) = B(k_x,\omega) \frac{d\omega}{dk_z} \tag{7-14}$$

将频散关系式(7-9)代入式(7-14)可得:

$$A(k_x,k_z) = B\left(k_x, \frac{v}{2}k_z\sqrt{1+k_x^2/k_z^2}\right) \frac{v}{2\sqrt{1+k_x^2/k_z^2}} \tag{7-15}$$

对 $A(k_x,k_z)$ 进行二维傅立叶逆变换可以得到:

$$p(x,z,0) = \frac{1}{4\pi^2} \int_{-\infty}^{\infty} \int_{-\infty}^{\infty} A(k_x,k_z) e^{-i(k_x x + k_z z)} dk_x dk_z \tag{7-16}$$

即得到需要的 $t=0$ 时刻的合成孔径聚焦图像。

7.3.4 混凝土典型缺陷成像结果分析

将图 7-7 所示自激自收剖面进行合成孔径聚焦成像处理,得到 $d=40$ mm 空洞的检测结果,如图 7-22 所示。空洞缺陷的绕射波被收敛,缺陷得到聚焦显示。当超声波的频率为 50 kHz 时,得到的结果偏大。而 100 kHz 超声波的分辨力明显要强,对空洞空间位置的描述更加准确。

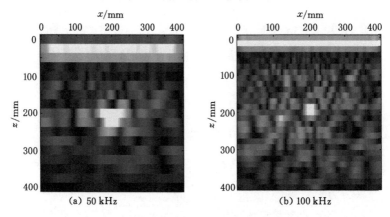

图 7-22　$d=40$ mm 空洞合成孔径聚焦图像

将图 7-8 所示自激自收剖面进行合成孔径聚焦成像处理,结果如图 7-23 所示。虽然在自激自收剖面中 $d=20$ mm 空洞反射波衰减严重,在结构噪声叠加干扰作用下模糊不清,但是经过合成孔径聚焦成像处理,依然可以得到相对可靠的结果。不过,从图像中也可以观察到少量假异常存在,这是混凝土模型中的骨料所导致的。

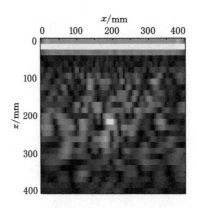

图 7-23　$d=20$ mm 空洞合成孔径聚焦图像

　　图 7-12 层间脱空缺陷模型和图 7-18 斜裂缝模型的自激自收剖面进行合成孔径聚焦处理,得到的结果如图 7-24 所示,层间脱空和斜裂缝缺陷均得到一定程度的聚焦显示。

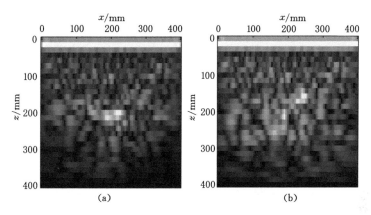

图 7-24　层间脱空和斜裂缝合成孔径聚焦图像

7.4　混凝土典型缺陷超声波检测试验研究

　　虽然在混凝土缺陷的超声波脉冲回波检测数值模拟研究中为了追求更高的轴向分辨率,通常采用窄脉冲、宽频带的雷克子波来等效超声波振动信号。但是目前市面中低于 0.5 MHz 的超声波换能器生产技术难度大、价格昂贵,并且频率越低换能器的尺寸越大,因此在实际应用中单面采集回波数据的方法多数为超声横波层析成像检测方法[154-155],或者在牺牲分辨率的前提下,通过多个宽脉冲窄频带超声波换能器组合替代使用[156],鲜有针对粗骨料混凝土缺陷采用窄脉冲宽频带超声信号检测的试验或者实际应用案例。本章应用宽频带超声波换能器进行回波信号采集,并对数据进行了处理。

　　为了评估超声纵波在脉冲回波方法中对混凝土缺陷的检测能力以及验证和对照数值模拟结果,浇筑了两组 150 mm×150 mm×550 mm 混凝土试件,其中所用的粗骨料为图 2-1 中较小粒径玄武岩碎石,最大骨料粒径为 25 mm。待养护完成后测得混凝土试件的平均速度为 4 920 m/s。试验过程中超声波的激发和接收采用中心频率为 500 kHz 的窄脉冲宽频带超声波探头[图 3-6(a)],激发和接收探头中心距离为 50 mm。在混凝土表面测线上预先涂抹蜂蜜作为耦合剂,通过推动超声波探头滑行至下一测点完成数据采集,最大限度保证探头与混凝土表面耦合的一致性。

　　首先对图 7-25(a)所示完整的混凝土试件进行检测,图 7-25(b)展示的是采用脉冲回波法获得的 A 扫数据,从中判读底界面反射波传播时间约为 65 μs,其中包含设备延迟时间 2.5 μs,再根据混凝土中超声波速度可以计算出混凝土的厚度约为 15.4 cm,检测结果基本可靠。A 扫数据中除底界面反射波外,由于混凝土自身的非均匀性,导致存在大量振动杂波信号,其振幅能量与底界面反射波相当,干扰了对有效波的识别和判读。图 7-25(c)为 A 扫数据的振幅谱,可以看出主频在 300 kHz 以下。通过在混凝土表面沿测线逐点测量获得 B 扫剖面,如图 7-25(d)所示,其中底界面反射波清晰完整、一致性较好,在剖面中被突出显示。而散射杂波则随着混凝土的随机非均匀性在空间中随机分布,相比 A 扫数据,其干扰作用被明显弱化。

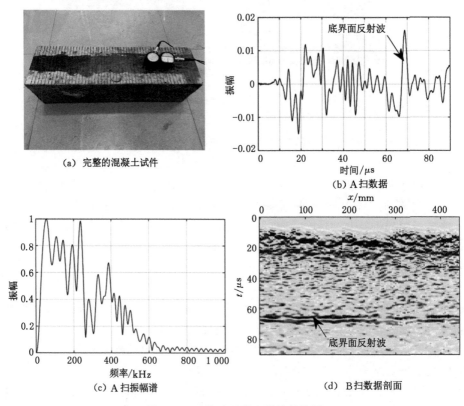

（a）完整的混凝土试件

（b）A扫数据

（c）A扫振幅谱

（d）B扫数据剖面

图 7-25　无缺陷混凝土结构的检测

　　含双空洞缺陷的混凝土试件如图 7-26(a)所示,图 7-26(b)为具体位置尺寸信息平面示意图,上、下平面分别用 A、B 表示。两个空洞的直径分别为 30 mm 和 40 mm,因为二者的圆心不在中轴线位置,因此分别在 A、B 两个平面布设测线时可以模拟不同深度位置的缺陷。

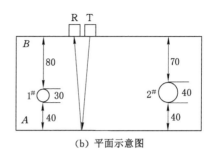

(a) 双空洞混凝土试件　　　　　　(b) 平面示意图

图 7-26　双空洞混凝土试件及其平面示意图

图 7-27 为双空洞混凝土试件 B 扫剖面,其中 7-27(a)为沿 A 面测线检测得到的 B 扫剖面,从中可以明显观察到两组双曲线反射波和一组水平反射波,两组反射波的顶点位置平齐,对应了两空洞深度位置一致,并且 $2^{\#}$ 空洞反射波能量更强。由于缺陷的屏蔽作用,空洞正下方的底界面反射波能量较弱。图 7-27(b)为沿 B 面测线检测得到的 B 扫剖面,从中可以观察到两个空洞的双曲线反射波,$2^{\#}$ 空洞因为距离混凝土的 B 面更近,因此其反射波在剖面中的位置相对靠上,并且空洞位置更靠近底界面,对底界面的屏蔽作用弱一些,图 7-27(b)中底界面反射波相对图 7-27(a)较为完整。对两条测线剖面进行合成孔径聚焦成像,得到图 7-27(c)和图 7-27(d),空洞缺陷的反射波双曲线得到较好的收敛,但是当缺陷位置较深时,得到的图像偏小。

图 7-28 为空洞和垂直裂缝缺陷混凝土试件的超声波检测,其中空洞直径 $d=30$ mm,顶端距观测面的距离 $h=60$ mm,裂缝长度为 50 mm。从 B 扫剖面中可以清晰观察到空洞的双曲线反射波,其能量较强,受混凝土强衰减影响,空洞反射波两翼的绕射波迅速衰减。空洞正下方底界面反射波同样受空洞屏蔽作用影响,呈断开不连续状态。另外,数据剖面中在垂直裂缝两侧可以观测到裂缝反射波,其能量很微弱。

将空洞和裂缝在试验中获得的超声波场响应特征,分别同图 7-7 和图 7-15 数值模拟结果比较,显示了一定程度的相似性。在数值模拟中,超声波的激发和接收均采用点源假设,相比试验测量中所用超声波换能器的孔径要小得多,并且超声换能器指向性较好,能量相对集中。因此试验获得的空洞回波能量较强,而绕射现象较弱,反射波双曲线两翼延展长度相对有限。对于垂直裂缝,数值模拟获得的反射波能量强,试验获得的反射波能量弱。

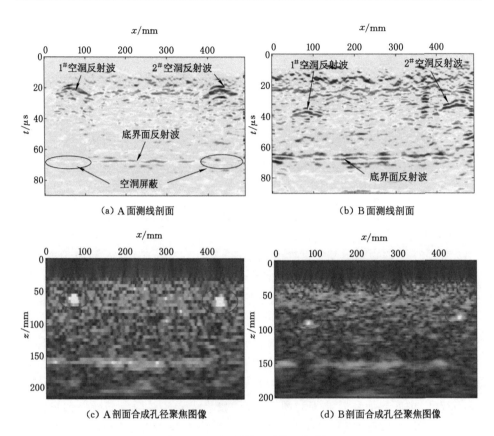

（a）A面测线剖面　　　　　　（b）B面测线剖面

（c）A剖面合成孔径聚焦图像　　　（d）B剖面合成孔径聚焦图像

图 7-27　空洞混凝土试件 B 扫剖面

（a）　缺陷混凝土

图 7-28　空洞和垂直裂缝超声波检测

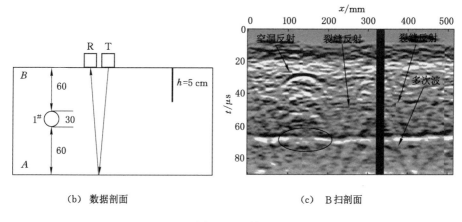

（b）数据剖面　　　　　　　　　　　（c）B扫剖面

图 7-28 （续）

7.5 本章小结

本章基于混凝土的随机骨料模型,模拟研究了超声波在缺陷混凝土中的传播,采用脉冲回波法观测介质表面超声波信号,分析了空洞、脱空和裂缝等典型缺陷反射波的产生机理和传播路径及单点激发多点接收、自激自收剖面中典型缺陷回波的响应特征,为缺陷的识别解释提供了科学依据。改进了道内平衡处理方法,压缩了初至信号,提高了深部回波信号振幅。在此基础上,应用合成孔径聚焦成像技术,对典型缺陷检测数据进行高分辨率成像处理,解决了探测深度和分辨率不可兼得的问题。同时应用窄脉冲宽频带超声波探头对混凝土空洞缺陷进行试验检测,并采用合成孔径聚焦技术对数据剖面进行了成像处理,得到了如下结论:

（1）以空洞缺陷为例,探讨了 50 kHz 和 100 kHz 超声波对不同尺寸缺陷的检测能力。结果显示缺陷的尺寸越小,在超声波场中的响应越弱;100 kHz 超声波虽然有着更高的分辨力,但是也因此在波场中产生更多的散射杂波,同时有着更强的衰减,双重作用下缺陷回波难以分辨。

（2）根据不同时刻波场快照、单点激发多点接收记录、自激自收剖面,分析了层间脱空、空洞和不同产状裂缝等对超声波传播的影响,为混凝土结构内部典型缺陷的识别提供了依据。

（3）采用改进的道内平衡处理方法,对深部信号进行了增强处理,有效提高了缺陷回波的质量。

（4）采用合成孔径聚焦技术对自激自收剖面进行了成像处理,显著提高了100 kHz 超声波的检测效果,100 kHz 超声波对缺陷的刻画能力高于 50 kHz 超声波的。

（5）在实测数据中,不同尺寸和深度的空洞以及混凝土试件底部,在超声波场中均有明显的响应特征,试验结果与第 7 章数值模拟结果较为吻合。

（6）合成孔径聚焦技术能够使缺陷的绕射波很好地收敛,有效提高了小孔径超声波探头的分辨率,使提取缺陷的位置和形状信息更加可靠。

（7）深部缺陷的回波信号能量、信噪比低,聚焦成像结果偏小。

参 考 文 献

[1] 罗骐先. 混凝土的超声检验[J]. 水利水运科学研究,1980(3):64-75.

[2] FELICE M V,FAN Z. Sizing of flaws using ultrasonic bulk wave testing:a review[J]. Ultrasonics,2018,88:26-42.

[3] GHAVAMIAN A,MUSTAPHA F,BAHARUDIN B T H T,et al. Detection,localisation and assessment of defects in pipes using guided wave techniques:a review[J]. Sensors,2018,18(12):4470.

[4] HONARVAR F,VARVANI-FARAHANI A. A review of ultrasonic testing applications in additive manufacturing:defect evaluation,material characterization,and process control[J]. Ultrasonics,2020,108:106227.

[5] JACOBS L J,OWINO J O. Effect of aggregate size on attenuation of Rayleigh surface waves in cement-based materials[J]. Journal of engineering mechanics,2000,126(11):1124-1130.

[6] ABO-QUDAIS S A. Effect of concrete mixing parameters on propagation of ultrasonic waves[J]. Construction and building materials,2005,19(4):257-263.

[7] ABDULLAH A,SICHANI E F. Experimental study of attenuation coefficient of ultrasonic waves in concrete and plaster[J]. The international journal of advanced manufacturing technology,2009,44(5):421-427.

[8] ASADOLLAHI A,KHAZANOVICH L. Numerical investigation of the effect of heterogeneity on the attenuation of shear waves in concrete[J]. Ultrasonics,2019,91:34-44.

[9] KESHAVARZI B,KIM Y R. A viscoelastic-based model for predicting the strength of asphalt concrete in direct tension[J]. Construction and building materials,2016,122:721-727.

[10] ZHANG Y R,KONG X M,GAO L,et al. In-situ measurement of viscoelastic properties of fresh cement paste by a microrheology analyzer[J]. Cement and concrete research,2016,79:291-300.

[11] FAN L F, WONG L N Y, MA G W. Experimental investigation and modeling of viscoelastic behavior of concrete [J]. Construction and building materials, 2013, 48: 814-821.

[12] NAKAHATA K, KAWAMURA G, YANO T, et al. Three-dimensional numerical modeling of ultrasonic wave propagation in concrete and its experimental validation[J]. Construction and building materials, 2015, 78: 217-223.

[13] 朱自强, 喻波, 密士文, 等. 超声波在混凝土中的衰减特征[J]. 中南大学学报(自然科学版), 2014, 45(11): 3900-3907.

[14] 密士文. 混凝土中超声波传播机理及预应力管道压浆质量检测方法研究[D]. 长沙: 中南大学, 2013.

[15] GAYDECKI P A, BURDEKIN F M, DAMAJ W, et al. The propagation and attenuation of medium-frequency ultrasonic waves in concrete: a signal analytical approach[J]. Measurement science and technology, 1992, 3(1): 126-134.

[16] 鲁光银, 张志勇, 朱自强, 等. 超声波在粘弹性混凝土介质中传播机理研究[J]. 物探化探计算技术, 2019, 41(3): 299-307.

[17] 顾兴宇, 李树伟, 董侨, 等. 沥青混凝土超声波检测的衰减特征与影响因素研究[J/OL]. 中国公路学报: 1-16

[18] UNGER J F, ECKARDT S. Multiscale modeling of concrete[J]. Archives of computational methods in engineering, 2011, 18(3): 341-393.

[19] 王四巍, 孙逢涛, 吴华. 三轴应力下再生粗骨料塑性混凝土的力学性能和破坏准则[J]. 建筑材料学报, 2020, 23(2): 454-459.

[20] KIM K H, YOON Y C, LEE S H. Analysis of concrete tensile failure using dynamic particle difference method under high loading rates[J]. International journal of impact engineering, 2021, 150: 103802.

[21] YUE C J, MA H Y, YU H F, et al. Experimental and three-dimensional mesoscopic simulation study on coral aggregate seawater concrete with dynamic direct tensile technology[J]. International journal of impact engineering, 2021, 150: 103776.

[22] ZHANG K, ZHANG J, JIN W L, et al. A novel method for characterizing the fatigue crack propagation of steel via the weak magnetic effect[J]. International journal of fatigue, 2021, 146: 106166.

[23] ZHOU Z, JIN Y, ZENG Y J, et al. Investigation on fracture creation in hot

dry rock geothermal formations of China during hydraulic fracturing[J].
Renewable energy,2020,153:301-313.

[24] GRENON M, HADJIGEORGIOU J. Applications of fracture system models (FSM) in mining and civil rock engineering design[J]. International journal of mining, reclamation and environment, 2012, 26(1): 55-73.

[25] GAO R,KUANG T J,MENG X B,et al. Effects of ground fracturing with horizontal fracture plane on rock breakage characteristics and mine pressure control[J]. Rock mechanics and rock engineering, 2021, 54(6): 3229-3243.

[26] ZHU P X,BALHOFF M T,MOHANTY K K. Compositional modeling of fracture-to-fracture miscible gas injection in an oil-rich shale[J]. Journal of petroleum science and engineering,2017,152:628-638.

[27] QUESTIAUX J M,COUPLES G D,RUBY N. Fractured reservoirs with fracture corridors[J]. Geophysical prospecting,2010,58(2):279-295.

[28] ABBASI M,SHARIFI M,KAZEMI A. Fluid flow in fractured reservoirs: estimation of fracture intensity distribution,capillary diffusion coefficient and shape factor from saturation data[J]. Journal of hydrology, 2020, 582:124461.

[29] SHEN B,STEPHANSSON O,RINNE M,et al. A fracture propagation code and its applications to nuclear waste disposal[J]. International journal of rock mechanics and mining sciences,2004,41(3):448-449.

[30] BLANCO- MARTIN L,RUTQVIST J. Foreword:coupled processes in fractured geological media:applied analysis in deep underground tunneling,Mining and Nuclear Waste Disposal[J]. Tunnelling and underground space technology incorporating trenchless technology research,2020,104: 103533.

[31] XU C S,DOWD P A. Stochastic fracture propagation modelling for enhanced geothermal systems[J]. Mathematical geosciences,2014,46(6): 665-690.

[32] GUAN J F,LI C M,WANG J,et al. Determination of fracture parameter and prediction of structural fracture using various concrete specimen types[J]. Theoretical and applied fracture mechanics,2019,100:114-127.

[33] WANG J,GUO Z X,ZHANG P,et al. Fracture properties of rubberized

concrete under different temperature and humidity conditions based on digital image correlation technique[J]. Journal of cleaner production, 2020,276:124106.

[34] GUAN J F,LI Q B,WU Z M,et al. Fracture parameters of site-cast dam and sieved concrete [J]. Magazine of concrete research, 2016, 68 (1):43-54.

[35] MECHTCHERINE V. Fracture mechanical behavior of concrete and the condition of its fracture surface[J]. Cement and concrete research,2009, 39(7):620-628.

[36] BERRONE S,CANUTO C,PIERACCINI S,et al. Uncertainty quantification in discrete fracture network models:stochastic geometry[J]. Water resources research,2018,54(2):1338-1352.

[37] 魏翔,杨春和.钻孔岩体裂隙几何参数确定方法及其应用[J]. 岩石力学与工程学报, 2015, 34(9): 1758-1766.

[38] HARRINGTON G A,HENDRY M J,ROBINSON N I. Impact of permeable conduits on solute transport in aquitards:mathematical models and their application[J]. Water resources research,2007,43(5):W05441.

[39] ZHANG B,LI Y,FANTUZZI N,et al. Investigation of the flow properties of CBM based on stochastic fracture network modeling[J]. Materials, 2019,12(15):2387.

[40] SEIFOLLAHI S,DOWD P A,XU C,et al. A spatial clustering approach for stochastic fracture network modelling[J]. Rock mechanics and rock engineering,2014,47(4):1225-1235.

[41] 陈剑平.岩体随机不连续面三维网络数值模拟技术[J].岩土工程学报, 2001,23(4):397-402.

[42] 汪小刚,贾志欣.岩体结构面网络计算机模拟及其工程应用研究[C].南昌: [出版者不详],2007:12.

[43] 杨米加,贺永年.破裂岩石的力学性质分析[J].中国矿业大学学报,2001, 30(1):9-13.

[44] 王双,陈征宙,吴强,等.基于节理产状不确定性的边坡稳定性及敏感度分析[J]. 岩土工程学报, 2013, 35(02): 348-354.

[45] 张发明,汪小刚,贾志欣,等.三维结构面连通率的随机模拟计算[J].岩石力学与工程学报,2004,23(9):1486-1490.

[46] 张发明,陈剑平.裂隙岩体三维网络流的渗透路径搜索[J].岩石力学与工

程学报,2005,24(4):622-627.[万方]

[47] 宋晓晨,徐卫亚.裂隙岩体渗流模拟的三维离散裂隙网络数值模型(Ⅰ):裂隙网络的随机生成[J].岩石力学与工程学报,2004,23(12):2015-2020.

[48] 周创兵,陈益峰,姜清辉.岩体表征单元体与岩体力学参数[J].岩土工程学报,2007,29(8):1135-1142.

[49] LEE S D,MOON H K. Hydro-mechanical modelling of tunnel excavation in fractured rock masses by a 3-D discrete fracture network approach[J]. International journal of rock mechanics and mining sciences,2004,41(3): 482.

[50] KRÜGER O S,SAENGER E H,OATES S J,et al. A numerical study on reflection coefficients of fractured media[J]. Geophysics,2007,72(4): D61-D67.

[51] 张春会,于永江,岳宏亮,等.随机分布裂隙煤岩体模型及其应用[J].岩土力学,2010,31(1):265-270.

[52] LANARO F,TOLPPANEN P. 3D characterization of coarse aggregates [J]. Engineering geology,2002,65(1):17-30.

[53] RODRIGUES E A,MANZOLI O L,BITENCOURT L A G Jr,et al. 2D mesoscale model for concrete based on the use of interface element with a high aspect ratio[J]. International journal of solids and structures,2016, 94/95:112-124.

[54] WANG X F,JIVKOV A P. Combined numerical-statistical analyses of damage and failure of 2D and 3D mesoscale heterogeneous concrete[J]. Mathematical problems in engineering,2015,2015:702563.

[55] SHAHBEYK S,HOSSEINI M,YAGHOOBI M. Mesoscale finite element prediction of concrete failure[J]. Computational materials science,2011, 50(7):1973-1990.

[56] GAL E,GANZ A,HADAD L,et al. Development of a concrete unit cell [J]. International journal for multiscale computational engineering,2008, 6(5):499-510.

[57] WRIGGERS P,MOFTAH S O. Mesoscale models for concrete:Homogenisation and damage behaviour[J]. Finite elements in analysis and design, 2006,42(7):623-636.

[58] HÄFNER S,ECKARDT S,LUTHER T,et al. Mesoscale modeling of concrete:geometry and numerics[J]. Computers & structures,2006,

84(7):450-461.

[59] GALINDO-TORRES S A,PEDROSO D M,WILLIAMS D J,et al. Breaking processes in three-dimensional bonded granular materials with general shapes[J]. Computer physics communications,2012,183(2):266-277.

[60] CABALLERO A,LÓPEZ C M,CAROL I. 3D meso-structural analysis of concrete specimens under uniaxial tension [J]. Computer methods in applied mechanics and engineering,2006,195(52):7182-7195.

[61] BENKEMOUN N,HAUTEFEUILLE M,COLLIAT J B,et al. Failure of heterogeneous materials: 3D meso-scale FE models with embedded discontinuities[J]. International journal for numerical methods in engineering,2010,82(13):1671-1688.

[62] WANG X F,ZHANG M Z,JIVKOV A P. Computational technology for analysis of 3D meso-structure effects on damage and failure of concrete [J]. International journal of solids and structures,2016,80:310-333.

[63] LIU L,SHEN D J,CHEN H S,et al. Aggregate shape effect on the diffusivity of mortar:a 3D numerical investigation by random packing models of ellipsoidal particles and of convex polyhedral particles[J]. Computers & structures,2014,144:40-51.

[64] DU C B,SUN L G,JIANG S Y,et al. Numerical simulation of aggregate shapes of three-dimensional concrete and its applications[J]. Journal of aerospace engineering,2013,26(3):515-527.

[65] MAN H K,VAN MIER J G M. Damage distribution and size effect in numerical concrete from lattice analyses[J]. Cement and concrete composites,2011,33(9):867-880.

[66] HUANG Y J,YANG Z J,REN W Y,et al. 3D meso-scale fracture modelling and validation of concrete based on in situ X-ray Computed Tomography images using damage plasticity model[J]. International journal of solids and structures,2015,67/68:340-352.

[67] GAO L,NI F J,LUO H L,et al. Evaluation of coarse aggregate in cold recycling mixes using X-ray CT scanner and image analysis[J]. Journal of testing and evaluation,2016,44(3):1239-1249.

[68] TAL D,FISH J. Stochastic multiscale modeling and simulation framework for concrete[J]. Cement and concrete composites,2018,90:61-81.

[69] MARCANTONIO V,MONARCA D,COLANTONI A,et al. Ultrasonic

waves for materials evaluation in fatigue, thermal and corrosion damage: a review[J]. Mechanical systems and signal processing, 2019, 120: 32-42.

[70] CARETTE J, STAQUET S. Monitoring the setting process of mortars by ultrasonic P and S-wave transmission velocity measurement[J]. Construction and building materials, 2015, 94: 196-208.

[71] HILLOULIN B, LEGLAND J B, LYS E, et al. Monitoring of autogenous crack healing in cementitious materials by the nonlinear modulation of ultrasonic coda waves, 3D microscopy and X-ray microtomography[J]. Construction and building materials, 2016, 123: 143-152.

[72] LUO X W, YAO H L. Ultrasonic propagation characteristics and damage evolution of recycled concrete under dynamic loading[J]. Advanced materials research, 2010, 163/164/165/166/167: 956-960.

[73] CHUNG C W, SURANENI P, POPOVICS J S, et al. Using ultrasonic wave reflection to monitor false set of cement paste[J]. Cement and concrete composites, 2017, 84: 10-18.

[74] SHARMA A, SHARMA S, SHARMA S, et al. Monitoring invisible corrosion in concrete using a combination of wave propagation techniques [J]. Cement and concrete composites, 2018, 90: 89-99.

[75] 刘洋, 李承楚, 牟永光. 双相各向异性介质中弹性波有限元数值解[C]// 1997 年中国地球物理学会第十三届学术年会. 上海: [出版者不详], 1997.

[76] 张金波, 杨顶辉, 贺茜君, 等. 求解双相和黏弹性介质波传播方程的间断有限元方法及其波场模拟[J]. 地球物理学报, 2018, 61(3): 926-937.

[77] DABLAIN M A. The application of high-order differencing to the scalar wave equation[J]. Geophysics, 1986, 51(1): 54-66.

[78] LI D, LI K, LIAO W. A combined compact finite difference scheme for solving the acoustic wave equation in heterogeneous media[J]. Numerical methods for partial differential equations: an international journal, 2023(6): 39.

[79] 徐云贵, 廖建平, 周林, 等. 三维各向异性裂缝介质正演模拟的三种交错网格适应性比较及 Lebedev 方法的改进[J]. 地球物理学报, 2023, 66(3): 1164-1179.

[80] DONG Z X, MCMECHAN G A. 3-D viscoelastic anisotropic modeling of data from a multicomponent, multiazimuth seismic experiment in northeast Texas[J]. Geophysics, 1995, 60(4): 1128-1138.

［81］唐怀谷,何兵寿.一阶声波方程时间四阶精度差分格式的伪谱法求解[J].
石油地球物理勘探,2017,52(1):71-80.

［82］谭屹.层状介质瑞利面波波场二维数值模拟研究[D].成都:西南交通大
学,2017.

［83］魏亦文,王有学,张智.谱元法波场模拟中的属性建模技术[J].地球物理学
进展,2017,32(5):2091-2096.

［84］武凤娇.基于快速边界元法的多体多域弹性波散射模拟及其应用研究[D].
天津:天津城建大学,2017.

［85］LYSMER J,DRAKE L A. A finite element method for seismology[M]//
Methods in Computational Physics:Advances in Research and Applica-
tions. Amsterdam:Elsevier,1972:181-216.

［86］MARFURT K J. Accuracy of finite-difference and finite-element modeling
of the scalar and elastic wave equations[J]. Geophysics,1984,49(5):533.

［87］崔力科.地震波波动方程有限元法数值解[J].石油地球物理勘探,1981,
16(5):15-22.

［88］ETIENNE V,CHALJUB E,VIRIEUX J,et al. An hp-adaptive discontin-
uous Galerkin finite-element method for 3-D elastic wave modelling[J].
Geophysical journal international,2010,183(2):941-962.

［89］王尚旭.双相介质中弹性波问题有限元数值解和 AVO 问题[D].北京:石
油大学,1990.

［90］周辉,徐世浙,刘斌,等.各向异性介质中波动方程有限元法模拟及其稳定
性[J].地球物理学报,1997,40(6):833-841.

［91］MENNEMANN J F,MARKO L,SCHMIDT J,et al. The spectral element
method as an efficient tool for transient simulations of hydraulic systems
[J]. Applied mathematical modelling,2018,54:627-647.

［92］MPONG S M. An arbitrary high order discontinuous Galerkin scheme for
the elastodynamic equations[J]. Revue africaine de recherche en informa-
tique et mathématiques appliquées,2014,17:93-117.

［93］RICHTER G R. An explicit finite element method for the wave equation
[J]. Applied numerical mathematics,1994,16(1/2):65-80.

［94］ZHANG J F,VERSCHUUR D J. Elastic wave propagation in heterogene-
ous anisotropic media using the lumped finite-element method[J].
Geophysics,2002,67(2):625-638.

［95］MA S. Hybrid modeling of elastic P-SV wave motion:a combined finite-element and staggered-grid finite-difference approach[J]. Bulletin of the seismological society of America,2004,94(4):1557-1563.

[96] 王月英.基于 MPI 的三维波动方程有限元法并行正演模拟[J].石油物探, 2009,48(3):221-225.

[97] KOMATITSCH D,ERLEBACHER G,GÖDDEKE D,et al. High-order finite-element seismic wave propagation modeling with MPI on a large GPU cluster [J]. Journal of computational physics, 2010, 229 (20): 7692-7714.

[98] DOUGLAS A. Finite elements for geological modelling[J]. Nature,1970, 226:630-631.

[99] KATZ J. Novel solution of 2-D waveguides using the finite element method[J]. Applied optics,1982,21(15):2747-2750.

[100] KOSHIBA M,HAYATA K,SUZUKI M. Vector E-field finite-element analysis of dielectric optical waveguides[J]. Applied optics,1986,25(1): 10-11.

[101] PADOVANI E, PRIOLO E, SERIANI G. Low and high order finite element method:experience in seismic modeling[J]. Journal of computa-tional acoustics,1994,2(4):371-422.

[102] SARMA G S,MALLICK K,GADHINGLAJKAR V R. Nonreflecting boundary condition in finite-element formulation for an elastic wave equation[J]. Geophysics,1998,63(3):1000-1006.

[103] 杨宝俊,何樵登.有限元素法的一种频率域计算方法及其应用[J].石油物探,1982(1):56-64.

[104] 薛昭,董良国,李晓波,等.起伏地表弹性波传播的间断 Galerkin 有限元数值模拟方法[J].地球物理学报,2014,57(4):1209-1223.

[105] 贺茜君,杨顶辉,吴昊.间断有限元方法的数值频散分析及其波场模拟[J].地球物理学报,2014,57(3):906-917.

[106] FACCIOLI E, MAGGIO F, QUARTERONI A, et al. Spectral-domain decomposition methods for the solution of acoustic and elastic wave equations[J]. Geophysics,1996,61(4):1160-1174.

[107] PATERA A T. A spectral element method for fluid dynamics:laminar flow in a channel expansion[J]. Journal of computational physics,1984, 54(3):468-488.

[108] SERIANI G,PRIOLO E. Spectral element method for acoustic wave

simulation in heterogeneous media[J]. Finite elements in analysis and design,1994,16(3/4):337-348.

[109] 王秀明,GSERIANI,林伟军.利用谱元法计算弹性波场的若干理论问题[J].中国科学 G 辑,2007,37(1):41-59.

[110] 林伟军.弹性波传播模拟的 Chebyshev 谱元法[J].声学学报,2007,32(6):525-533.

[111] 林伟军,王秀明,张海澜.用于弹性波方程模拟的基于逐元技术的谱元法[J].自然科学进展,2005,15(9):1048-1057.

[112] 严珍珍,张怀,杨长春,等.汶川大地震地震波传播的谱元法数值模拟研究[J].中国科学 D 辑:地球科学,2009,39(4):393-402.

[113] 王童奎,李瑞华,李小凡,等.横向各向同性介质中地震波场谱元法数值模拟[J].地球物理学进展,2007,22(3):778-784.

[114] KOMATITSCH D,TROMP J. Introduction to the spectral element method for three-dimensional seismic wave propagation[J]. Geophysical journal international,1999,139(3):806-822.

[115] KOMATITSCH D,GÖDDEKE D,ERLEBACHER G,et al. Modeling the propagation of elastic waves using spectral elements onacluster of192 GPUs[J]. Computer science - research and development,2010,25(1):75-82.

[116] DABLAIN M A. The application of high-order differencing to the scalar wave equation[J]. Geophysics,1986,51(1):54-66.

[117] JEAN V. SH-wave propagation in heterogeneous media:velocity-stress finite-difference method[J]. Geophysics,1984,49(11):1933-1942.

[118] IGEL H,MORA P,RIOLLET B. Anisotropic wave propagation through finite-difference grids[J]. Geophysics,1995,60(4):1203-1216.

[119] 金璨,马美媛,王健伟,等.海上少井条件下非均质储层复杂岩性三维地质建模:以东海 A 气田花港组厚砂储层为例[J].海洋石油,2021,41(4):8-14.

[120] 侯安宁,何樵登.各向异性介质中弹性波动高阶差分法及其稳定性的研究[J].地球物理学报,1995,38(2):243-251.

[121] 裴正林.三维各向异性介质中弹性波方程交错网格高阶有限差分法数值模拟[J].石油大学学报(自然科学版),2004,28(5):23-29.

[122] 裴正林.层状各向异性介质中横波分裂和再分裂数值模拟[J].石油地球物理勘探,2006,41(1):17-25.

[123] MAST T D,SOURIAU L P,LIU D L D,et al. A k-space method for large-scale models of wave propagation in tissue[J]. IEEE transactions on ultrasonics, ferroelectrics, and frequency control, 2001, 48（2）: 341-354.

[124] 刘财,迟唤昭,高炜,等.裂缝诱导双相HTI介质地震波场错格伪谱法模拟与波场特征分析[J].地球物理学报,2016,59(5):1776-1789.

[125] 孙文博,孙赞东.基于伪谱法的VSP逆时偏移及其应用研究[J].地球物理学报,2010,53(9):2196-2203.

[126] TAKENAKA H,WANG Y B,FURUMURA T. An efficient approach of the pseudospectral method for modelling of geometrically symmetric seismic wavefield[J]. Earth,planets and space,1999,51(2):73-79.

[127] 谢桂生,刘洪,赵连功.伪谱法地震波正演模拟的多线程并行计算[J].地球物理学进展,2005,20(1):17-23.

[128] JAROS J,RENDELL A P,TREEBY B E. Full-wave nonlinear ultrasound simulation on distributed clusters with applications in high-intensity focused ultrasound[J]. The international journal of high performance computing applications,2016,30(2):137-155.

[129] TREEBY B E,TUMEN M,COX B T. Time domain simulation of harmonic ultrasound images and beam patterns in 3D using the k-space pseudospectral method[J]. Medical Image Computing and Computer-Assisted Intervention: MICCAI International Conference on Medical Image Computing and Computer-Assisted Intervention,2011,14(Pt 1): 363-370.

[130] TREEBY B E,JAROS J,RENDELL A P,et al. Modeling nonlinear ultrasound propagation in heterogeneous media with power law absorption using a k-space pseudospectral method[J]. The journal of the acoustical society of America,2012,131(6):4324-4336.

[131] HUNZIKER J,FAVINO M,CASPARI E,et al. Seismic attenuation and stiffness modulus dispersion in porous rocks containing stochastic fracture networks[J]. Journal of geophysical research: solid earth,2018, 123(1):125-143.

[132] 中华人民共和国住房和城乡建设部.普通混凝土配合比设计规程:JGJ 55—2011[S].北京:中国建筑工业出版社,2011.

[133] AHN H T, SHASHKOV M. Geometric algorithms for 3D interface

reconstruction. Proceedings of the 16th International Meshing Roundtable[C]. Seattle, WA, 2008.

[134] WANG M, WANG X R, JIN H J. Memory-optimized of collision detection algorithm based on bounding-volume hierarchies [J]. Advanced computer technology, new education, proceedings, 2007: 229-232.

[135] BARBOTEU M, DUMONT S. A primal-dual active set method for solving multi-rigid-body dynamic contact problems[J]. Mathematics and mechanics of solids, 2018, 23(3):489-503.

[136] TONGE R, BENEVOLENSKI F, VOROSHILOV A. Mass splitting for jitter-free parallel rigid body simulation[J]. ACM transactions on graphics, 2012, 31(4):1-8.

[137] HLAING L M, FAHMIDA U, HTET M K, et al. Local food-based complementary feeding recommendations developed by the linear programming approach to improve the intake of problem nutrients among 12-23-month-old Myanmar children[J]. The British journal of nutrition, 2016, 116(Suppl 1):S16-S26.

[138] TASORA A, NEGRUT D, ANITESCU M. A GPU-based implementation of a cone convex complementarity approach for simulating rigid body dynamics with frictional contact[C]//Proceedings of ASME 2008 International Mechanical Engineering Congress and Exposition, October 31 - November 6, 2008, Boston, Massachusetts, USA. 2009:107-118.

[139] JEONG J, HA S, YOU D. An immersed interface method for acoustic wave equations with discontinuous coefficients in complex geometries [J]. Journal of computational physics, 2021, 426:109932.

[140] 匡伟康, 胡天跃, 段文胜, 等. 基于自适应变步长波场延拓的可控层分阶层间多次波模拟[J]. 地球物理学报, 2020, 63(5):2043-2055.

[141] BILBAO S, AHRENS J. Modeling continuous source distributions in wave-based virtual acoustics[J]. The journal of the acoustical society of America, 2020, 148(6):3951.

[142] SANES NEGRETE S, MUÑOZ-CUARTAS J C, VERA-CIRO C A, et al. Modeling acoustic waves in locally enhanced meshes with a staggered-grid finite difference approach[J]. Wave motion, 2020, 98:102624.

[143] MASOUMI N, BELASSO C J, AHMAD M O, et al. Multimodal 3D ultrasound and CT in image-guided spinal surgery: public database and

new registration algorithms［J］. International journal of computer assisted radiology and surgery,2021,16(4):555-565.

［144］ LI X F. PML absorbing boundary condition for seismic numerical modeling by convolutional differentiator in fluid-saturated porous media［J］. Journal of earth science,2011,22(3):377-385.

［145］ TILLETT J C,DAOUD M I,LACEFIELD J C,et al. A k-space method for acoustic propagation using coupled first-order equations in three dimensions［J］. The journal of the acoustical society of America,2009, 126(3):1231-1244.

［146］ FIROUZI K,COX B T,TREEBY B E,et al. A first-order k-space model for elastic wave propagation in heterogeneous media［J］. The journal of the acoustical society of America,2012,132(3):1271-1283.

［147］ 周浩,符力耘. 超声实验中谱比法衰减的散射与本征吸收特性［J］. 地球物理学报,2018,61(3):1083-1094.

［148］ DASGUPTA R,CLARK R A. Estimation ofQfrom surface seismic reflection data［J］. Geophysics,1998,63(6):2120-2128.

［149］ HUANG J S,CHEN B Q,YAO B,et al. ECG arrhythmia classification using STFT-based spectrogram and convolutional neural network［J］. IEEE Access,2019,7:92871-92880.

［150］ CHEN G W,SONG L,ZHANG R R. Modeling acoustic attenuation of discrete stochastic fractured media［J］. Acta geodaetica et geophysica, 2018,53(4):679-690.

［151］ 徐娜,李洋,周正干,等. FDTD 方法的改进及在超声波声场计算中的应用［J］. 北京航空航天大学学报,2013,39(1):78-82.

［152］ BUNGEY J H. N. d. t. of concrete - the current scene［J］. Nondestructive testing and evaluation,1990,5(4):277-300.

［153］ NOLET G. Imaging the earth's interior,J. F. claerbout,Blackwell scientific publications,Oxford,1985 414pp. ,42. 00 and fundamentals of geophysical data processing,2nd edn J. F. claerbout,Blackwell scientific publications,Oxford,1985 274 ,42. 00［J］. Geophysical journal international,1986,86(1):217-219.

［154］ SCHABOWICZ K. Ultrasonic tomography - The latest nondestructive technique for testing concrete members - Description,test methodology, application example［J］. Archives of civil and mechanical engineering,

2014,14(2):295-303.

[155] HOEGH K,KHAZANOVICH L. Extended synthetic aperture focusing technique for ultrasonic imaging of concrete[J]. NDT & E international-al,2015,74:33-42.

[156] 常俊杰,钟海鹰,曾雪峰,等.混凝土的合成孔径聚焦成像[J].混凝土,2020(7):42-46,56.